气象水文耦合洪水测报法原理及应用

刘祖敏 著

中国水利水电出版社
www.waterpub.com.cn
·北京·

内 容 提 要

本书通过研究降雨和洪水的耦合关系，率定了两者之间的耦合系数，即"洪水历时系数"和"洪峰历时系数"，利用降雨历时、降雨量直接计算洪水规模（洪峰和洪量），是一种与传统暴雨洪水推算方法不同的创新洪水推算方法。通过对 2015—2022 年 400 多场洪水测算，按 GB/T 22482—2008《水文情报预报规范》评定，其确定系数 DC 为 0.972，洪水预报方案为甲级；合格率 QR，洪峰为 82.1%，精度等级为乙级；洪峰出现时间为 97.5%，精度等级为甲级。

通过基本原理的解读和实际案例的应用，让读者能轻松运用、快速掌握。本书适合水文专业研究和技术人员研读，是洪水测报和涉水工程设计的参考书，也可作为水利技术培训教材。

图书在版编目（CIP）数据

气象水文耦合洪水测报法原理及应用 / 刘祖敏著.
北京：中国水利水电出版社，2024. 11. -- ISBN 978-7-5226-2923-0

Ⅰ．P338

中国国家版本馆CIP数据核字第2024D4W245号

书　　名	**气象水文耦合洪水测报法原理及应用** QIXIANG SHUIWEN OUHE HONGSHUI CEBAOFA YUANLI JI YINGYONG
作　　者	刘祖敏　著
出版发行	中国水利水电出版社 （北京市海淀区玉渊潭南路 1 号 D 座　100038） 网址：www.waterpub.com.cn E-mail：sales@mwr.gov.cn 电话：(010) 68545888（营销中心）
经　　售	北京科水图书销售有限公司 电话：(010) 68545874、63202643 全国各地新华书店和相关出版物销售网点
排　　版	中国水利水电出版社微机排版中心
印　　刷	天津嘉恒印务有限公司
规　　格	170mm×240mm　16 开本　11.75 印张　199 千字
版　　次	2024 年 11 月第 1 版　2024 年 11 月第 1 次印刷
定　　价	**90.00 元**

凡购买我社图书，如有缺页、倒页、脱页的，本社营销中心负责调换

版权所有·侵权必究

前言

　　本书是在作者多年对降雨和洪水关系研究的基础上形成的。"一种气象水文耦合洪水测报法"获得国家发明专利（发明人：刘祖敏；发明专利号：ZL 2020 1 0121083.5；证书号：第6033517号），"气象水文耦合洪水测报法"有别于传统的降雨洪水测算方法，主要考虑了降雨量、降雨历时的随机性和河道测算断面底水（起涨流量或者水位），这三者组合的重复率特别低，因此，每次降雨形成的洪水过程和量级不同，为解决这一问题，准确测算洪水，作者巧妙地利用"洪水历时系数"和"洪峰历时系数"化解了降雨过程（降雨历时）随机性导致洪水过程随机性的问题，最后通过降雨量、河道测算断面底水、河道测算断面洪水起涨时间推算出河道测算断面洪水洪峰的量级和洪峰出现的时间。

　　本书对"气象水文耦合洪水测报法"的基本原理及其应用案例作了详细的介绍，同时编制了一些应用计算模型，是专业研究和基层专业技术人员较好的参考书。该方法的应用将会推动洪水预报、暴雨洪水分析计算和涉水工程暴雨洪水推算的进步和发展。

　　由于本书介绍的是全新的降雨洪水测算方法，加之作者研究时间和业务水平有限，本书在数据、方案、计算模型上还有许多不足之处，恳请读者在研究和应用过程中提出宝贵的意见。

作者

2024年6月

目 录

前言

第 1 章　概述 ·· 1

第 2 章　基本原理 ·· 5

  2.1　气象水文耦合洪水测报法中参数的名称与定义 ········· 5

  2.2　流域降雨与洪水耦合关系的确定 ····························· 6

  2.3　流域降雨产生的洪水计算流程 ································· 7

第 3 章　洪水推算方法及工作步骤 ·· 8

  3.1　洪水推算方法 ··· 8

    3.1.1　降雨形成洪水过程部分计算 ····························· 8

    3.1.2　河流实际洪峰流量、水位计算 ······················· 11

    3.1.3　河流实际洪峰出现时刻推算 ··························· 12

  3.2　工作方法步骤 ··· 12

第 4 章　洪水测算模型建立 ·· 14

  4.1　洪水测算模型使用说明 ··· 14

  4.2　使用模型测算时需要注意的几个问题 ····················· 16

第 5 章　洪水测算模型误差分析及等级评定 ···························· 18

  5.1　洪水测算案例 ··· 19

  5.2　洪水测报误差分析统计 ··· 21

  5.3　洪水测算成果等级评定 ··· 22

第 6 章　扩展应用及案例分析 ·· 24

　6.1　单峰洪水的推算 ·· 24

　6.2　复峰洪水的推算 ·· 39

　6.3　实时降雨推算洪水过程线 ·· 60

　　6.3.1　基本原理及计算方法步骤 ·································· 60

　　6.3.2　计算模型 ·· 63

　6.4　河道洪水最大涨幅估算 ·· 71

　　6.4.1　计算模型的编制 ·· 72

　　6.4.2　计算模型的使用说明 ·· 72

　6.5　水库洪水调度测算 ·· 75

　6.6　设计暴雨洪水推算 ·· 83

　　6.6.1　利用 24h 设计暴雨推求洪水洪峰 ····················· 83

　　6.6.2　利用时段暴雨推求洪水过程 ····························· 88

　　6.6.3　水库设计暴雨洪水调洪计算 ····························· 94

　6.7　多目标洪水叠加的洪水过程推算 ································ 104

　　6.7.1　收集流域内蓄水工程的相关资料 ····················· 104

　　6.7.2　流域内降雨观测站的布设和资料收集整理 ········ 104

　　6.7.3　洪水的推算 ··· 105

参考文献 ··· 179

第1章
概　述

　　洪水是一种自然灾害，也是一种自然现象，千百年来人们都在研究洪水，试图寻找洪水形成的规律并控制利用洪水，通过工程或非工程措施来规避洪水对人类的伤害或为人类谋福利。洪水的形成分人工和非人工（自然）两种，人工洪水是因人类建筑的涉水工程不当使用或工程事故而引起的；非人工（自然）洪水是在排除人类涉水工程影响的前提下因高强度的流域降水而引起的。面对上述两种洪水，已有许多办法和措施，但因大自然的复杂多变性，在气象和水文的关系上，人类还没有完全掌握它们的内在联系，这一领域值得去研究和探索，寻找一种精确有效的洪水测算方法，为人类有效地规避、利用洪水服务。

　　总体上我国陆地相对集中大面积降雨洪水的形成大致分四个时间段，这四个时间段的气候变化与太阳在北半球的直射位置有着密切的关系，具有鲜明的地域特点，时间段界线比较明显，具体参见表1.0.1。

表1.0.1　　　　　　　　我国陆地降雨洪水时段划分表

序号	时间段	影响范围	降雨特点	影响降雨的因素	备注
1	2月下旬至5月中旬	西南东部、华南中北部、华中、华东、部分东北华北	强对流雷雨冰雹易发季节，降雨量逐渐增加、范围扩大，降雨区域不定，易引发中小河流洪水	冷暖气流交汇，锋面雨加强，降雨区域取决于冷暖气流强弱的对比	太阳直射从南回归线方向越过赤道向北回归线方向移动，气温回升
2	5月中旬至7月中旬	华南、西部、华中、华东、部分东北华北	降雨范围广，降雨强度大，降雨量大，是一年中降雨最集中的时段，易引发流域性大洪水，特别是珠江流域、长江流域、淮河流域	印度洋云系的发育程度直接影响该时段降雨的强度和范围，是中国大陆雨水输送的主要载体	太阳直射向北移动到北回归线折回向赤道方向移动，气温迅速升高。季风性气候向大陆输送大量的水汽

续表

序号	时间段	影响范围	降雨特点	影响降雨的因素	备注
3	7月中旬至10月	沿海及相连的区域	降雨强度大，降雨量大，降雨量逐渐减小，降雨范围具有区域性，易引发区域性的河流洪水，如黄河流域、海河流域、辽河流域、松花江流域	西太平洋热带风暴或台风的强度直接影响该时段降雨的强度和范围，是中国大陆东部雨水输送的主要载体	太阳直射继续向赤道、南回归线方向移动，气温达到高点后开始回落，昼夜温差大
4	11月至次年2月下旬	全国	冬季少雨，偶有局域性的短时强降雨，是一年中降雨最少的时段	冷暖气流的交汇	太阳直射继续向南回归线方向移动，气温逐渐降低

注　1. 以上时段的划分为正常年份，是大范围的，局域性的非常规降雨因受森林、大型水体、城市热岛效应等的影响会突破上述规律。

　　2. 春分（3月20日或21日，太阳直射在赤道上）；夏至（6月21日或22日，太阳直射在北回归线上）；秋分（9月22日或23日，太阳直射在赤道上）；冬至（12月22日或23日，太阳直射在南回归线上）。

　　我国河流众多，2011年全国水利普查数据显示，流域面积大于等于 $50km^2$ 的河流 45203 条，其中流域面积为 $50\sim1000km^2$ 的河流 44975 条。近年来，受气候变化影响，由局地强降雨造成的中小河流突发性洪水频繁发生，已成为造成人员伤亡的主要灾害。由于中小河流源短流急，暴雨洪水具有历时短、暴涨暴落、难预报、难预防等特点，同时中小河流实测水文资料匮乏，难以满足现有水文模型参数率定的需要，中小河流洪水测报成为国内外研究难点。多年来我国在大江大河洪水测报研究中取得了比较丰富的成果，而中小河流洪水测报的研究与应用相对比较薄弱，因此，对中小河流洪水的测报研究具有重要的现实意义。

　　通过统计大量洪水形成的降雨历时，洪水形成的降雨历时在 $4\sim18h$ 之间的占 79.8%，洪水形成的降雨历时在 $8\sim18h$ 之间的占 58.4%。形成洪水的降雨历时所占比率参见表 1.0.2。

表 1.0.2   洪水形成的降雨历时分析统计表

降雨历时/h	1	2	3	4	5	6	7	8	9	10
比率/%	0.2	0.2	2.7	4.2	5.4	7.1	4.7	7.9	4.9	9.3
降雨历时/h	11	12	13	14	15	16	17	18	19	20
比率/%	8.3	5.9	4.4	3.4	4.7	2.2	3.7	3.7	1.7	3.9
降雨历时/h	21	22	23	24	25	26	27	28	29	30
比率/%	1.7	0.5	2.2	1.0	2.0	1.0	0.7	0.0	0.0	0.5
降雨历时/h	31	32	33	34	35	36	37	38	39	40
比率/%	0.5	0.5	0.5	0.0	0.2	0.0	0.0	0.0	0.0	0.2
降雨历时/h	41	42	43	44	45	46	47	48	49	50
比率/%	0.0	0.0	0.2	0.0	0.0	0.0	0.2	0.0	0.0	0.0

洪水测报目的是预先获得洪水发生发展过程。根据洪水形成的机理与运动规律，利用气象、水文、涉水工程（主要是蓄水工程）等信息预测洪水发生与变化过程，提高洪水预报精度，延长洪水预报的预见期，为防洪减灾赢得更多的应急响应时间。随着现代遥感遥测技术、通信技术、地理信息系统技术以及计算机技术的快速发展，河道洪水（演进）测报法与降雨径流预报水平已经有很大提升，但在洪水预报的实践中，中小河流的洪水测报一直依赖现有的技术手段和测算方法，难以满足中小流域防洪减灾的要求。为了解决这一问题，本书利用洪水历时系数和洪峰历时系数对不同集水面积降雨过程（雨量和降雨历时）和洪水过程关系进行了研究，将洪水分成河道底水和降雨形成的洪水两个部分进行计算，能有效地测算出洪水的量级和洪峰出现的时间，这就是气象水文耦合洪水测报法。

现行的洪水测算方法分为两大类：降雨径流经验方法和降雨径流模型法。对于有长期降雨径流观测资料的中小流域，使用最多的是降雨径流经验方法，而对降雨径流资料少或者无资料的地区，大多使用降雨径流模型法（称为水文模型）。按照建模原理分类，流域水文模型可以分为概念性水文模型和系统理论水文模型，而对于概念性水文模型，根据对流域空间的离散程度，又可细分为集总式概念性水文模型和分布式水文模型。对于分布式水文模型，它是通过水循环的动力学机制来描述和模拟流域水文过程的数学模型，根据水介质移动的物理性质来确定模型参数，利于分析流域下垫面变化后的产汇流变化规律。在概念性水文模型中，分布式水文模型因其具有明确物理意义的参数结构和对空间分异性的全面反映，可以更加准确详尽地描述和反映流域内真实的水文过程。对于集总式水文模型，它是不考虑水文现象或要素空间分布，将整个流域作为一个整体进行研究的水文模型。集总式水文模型中的变量和参数通常采用平均值，将整个流域简化为一个对象来处理，主要用于降雨-径流模拟。因为参数和变量都是流域平均值，不能对某单个位置进行水文过程计算。通常模型参数不能实际测量到，必须通过校准或对实际洪水实测数据进行分析后才能获得。国外引进的水文模型有萨克拉门托模型（1973 年，美国）、水箱模型（1960 年，日本）、NAM 模型（1973 年，丹麦）以及 TOPMODEL 模型（1979 年，英国）等。目前国内采用最多的是新安江模型、瞬时单位线、推理公式，在实际使用中，上述方法需观测计算的参数较多而难以把握，经常因参数的不同导致测算的结果偏差比较大。

气象水文耦合洪水预报法适用于 $3000\mathrm{km}^2$ 以下流域洪水计算，属于集总式水文模型，但与其他已研发出的概念性水文模型相比，有独特的创建思路。通过分析大量实测降雨、洪水过程资料，发现不同流域面积降雨历时与洪水历时、洪峰历时之间具有较好的关联关系，可建立起气象（降雨量、降雨过程）和水文（洪水过程）的耦合关系，这种关系是流域多重因素综合作用的结果，它们就是洪水历时系数和洪峰历时系数，通过这两个系数可以建立水文模型，简化洪水测算流程。模型中的参数主要是流域集水面积、降雨（历时和雨量）、径流系数、计算断面洪水起涨时间和流量，最后根据实际流域情况通过对洪水概化系数、洪水历时调整系数、洪峰历时调整系数进行适当的修正就可计算出洪水过程。此模型参数比其他概念性模型少很多，且容易获取，因此，特别适合基层工作人员或远程操控人员进行洪水测报。

气象水文耦合洪水预报应用范围包括暴雨洪水形成分析计算、水库洪水调度、涉水工程设计暴雨洪水洪峰和洪水过程的推算、水库最大排洪流量调洪计算、流域多目标（水库工程洪水调度）影响暴雨洪水计算、城市暴雨内涝淹没（排涝）洪水计算、临时性的断面洪水测报。

第 2 章
基本原理

　　一场洪水包括洪水历时、涨水历时（涨水过程）、退水历时（退水过程）、洪水总量和洪峰流量这几个要素。一次完整的降雨过程包括降雨历时、时段降雨量、累计降雨量。一定流域集水面积，一次降雨过程产生的一场洪水过程，它们之间具有密切的关系，降雨是洪水形成的直接因素，同时受流域下垫面的影响，一次降雨过程通过产流、汇流最后在流域出口断面形成一场洪水过程。气象水文耦合洪水测报法就是寻找并解决降雨和洪水之间的关系，通过相应的关联参数（即洪水历时系数、洪峰历时系数）将降雨和洪水耦合起来。

　　气象水文耦合洪水测报法的灵感来源于变压器。流域降雨和河道出口断面洪水的耦合关系相当于变压器的铁芯和线圈；降雨量和降雨历时就是洪水形成的能量输入，相当于变压器的输入端电压和电流；洪水过程（洪峰流量和洪水历时）就是降雨量和降雨历时通过洪水历时系数和洪峰历时系数耦合后的能量输出，相当于变压器的输出端电压和电流。

2.1　气象水文耦合洪水测报法中参数的名称与定义

　　（1）降雨过程是指满足一次洪水过程计算的降雨过程，包括降雨历时和累计降雨量，降雨过程确定的标准：1h 流域面雨量 1.0～2.0mm（一般取大于等于 1.5mm）判断标准确定降雨过程起止时间、相对集中时段累计降雨量小于 30mm 的可以合并为一个降雨过程（大于等于 30mm 的应为一次降雨过程计算洪水）。

　　（2）降雨历时是指覆盖流域的一次完整的降雨过程的总时间，一般以小时计。

　　（3）时段降雨量是指观测雨量最小时段的降雨量，单位为 mm。

　　（4）累计降雨量是指从开始降雨后多个时段的累计降雨量，单位为 mm。

　　（5）流域集水面积是指测算断面以上降雨集水汇流的地面（包括河道）

的土地面积，单位为 km^2。

（6）径流系数即产流系数是指一次降雨过程所产生的洪水径流量的转换系数，其与降雨强度、风速、气温、流域植被和土壤水量饱和程度有关，系数小于 1。

（7）洪水历时系数是指相同集水面积下的洪水历时与降雨历时之比，历时的单位为 h。

（8）洪峰历时系数是指相同集水面积下的洪峰历时与洪水历时之比，历时的单位为 h。

（9）洪水历时是指一次降雨过程形成的洪水过程所历经的时间，即起涨水位到洪峰又回落到起涨水位值所历经的时间，单位为 h。

（10）洪峰历时是指起涨水位到洪峰出现所历经的时间，单位为 h。

（11）洪水总量是指一次降雨过程的降雨量通过蒸发、下渗、截留后形成洪水过程的洪水总水量（不包括河道底水），单位为万 m^3。

2.2　流域降雨与洪水耦合关系的确定

通过收集、统计、分析不同流域集水面积和不同降雨历时形成的洪水过程（包括洪水历时和洪峰历时）资料，分别计算其洪水历时系数、洪峰历时系数，发现它们在一定范围内变动，且与流域集水面积大小呈规律性的变化，通过大量数据计算分析并确定一定流域集水面积降雨与洪水的耦合关系，即集水面积-洪水历时系数查算图、集水面积-洪峰历时系数查算图，具体见图 2.2.1、图 2.2.2。

图 2.2.1　集水面积-洪水历时系数查算图

图 2.2.2 集水面积−洪峰历时系数查算图

2.3 流域降雨产生的洪水计算流程

一定流域的降雨通过产流、汇流形成测算目标断面洪水过程，本书通过洪水历时系数、洪峰历时系数将产流、汇流两个过程糅合在一起，根据集水面积、降雨历时、降雨量直接计算洪水过程，主要成果包括洪水历时、洪峰历时、洪峰流量。具体工作流程见图 2.3.1。

图 2.3.1 降雨、洪峰计算流程图

第 3 章
洪水推算方法及工作步骤

根据气象水文耦合洪水测报法的基本原理和现行的气象水文观测计算方法确定气象水文耦合洪水测报法降雨推算洪水过程的基本方法和工作步骤。本书测报洪水是在保持现有降雨、水文观测的设施完善并满足规范要求的条件下进行的。一般来讲，现有的水文站不需要改变现行降雨、水文数据的观测收集方法和条件，利用现有观测资料均可进行洪水测报。利用本方法进行中小流域洪水精确测算，还需满足以下三方面的条件。

（1）必须掌握流域内影响洪水形成的水利工程资料，特别是能及时掌握这些水库和一些跨流域的调水工程的规模及在洪水期间的运行情况。

（2）在测报的流域内必须布设满足要求的雨量测报站，并能及时收集到这些雨量站的实时降雨信息。

（3）在测报流域的目标断面必须设立实时监测洪水的水文站。

3.1　洪水推算方法

在洪水推算过程中分河道底水和降雨形成的洪水过程两部分计算，中小河流洪水历时不长，河道底水流量相对变化不大，一般情况下认为是稳定的，即在洪水期间河道底水流量不变，因此关键是降雨形成的洪水过程部分计算。

3.1.1　降雨形成洪水过程部分计算

3.1.1.1　流域降雨量统计

要求流域内的观测雨量站每小时观测一次雨量，降雨历时为从覆盖流域降雨开始到降雨结束的总历时，单位为 h；降雨量要求统计流域面雨量，其中包括各相对独立区域的面雨量，特别是蓄水（调水）工程区域的面雨量、实际产流区域的面雨量，为下一步流域洪水计算作准备。降雨量统计表格式可参照表3.1.1。

表3.1.1 　　　　　　　　流域降雨量统计表 　　　　　　单位：mm

___年___月___日_____以上流域降雨量统计表 （降雨时段：___月___日_____至___月___日_____）										
一、青狮潭（474km²）										
雨量站	黄梅	两合	东江村	兰田	和平	公平	青狮潭坝首	青狮潭库区		
降雨量										
区域平均雨量										
二、川江（127km²）										
雨量站	川江	土江	枫木凹	源头	李桐	毛坪				
降雨量										
区域平均雨量										
三、小溶江（264km²）										
雨量站	小溶江坝首	产江	金石	砚田	塔边					
降雨量										
区域平均雨量										
四、大溶江以上（不含川江）（840km²）（斧子口314km²）										
雨量站	灵渠	司门	油榨水库	严关	清水江	陈家	古龙洞水库	高峰塘水库	东界村	上洞	八坊
降雨量											
雨量站	鲤鱼塘	华江乡	华江	过江铺	高寨	猫儿山500	猫儿山1250	猫儿山1600	猫儿山1995		
降雨量											
区域平均雨量		斧子口平均雨量		扣除斧子口平均雨量							
五、大溶江—灵川										
雨量站	西边山水库	济中	三街	三街镇	潭下镇	灵川	大岭头水库	灵田乡	苏郊		
降雨量											
区域平均雨量											

___年__月__日_____以上流域降雨量统计表
（降雨时段：__月__日_____至__月__日_____）

六、城区（含桃花江、部分灵川临桂）

雨量站	金陵	石脉水库	南场水库	庙头	长海厂	白云山水库	新寨水库	定江镇	庭江洞村	洋江头村	山水阳光
降雨量											

雨量站	莲花村	琴潭乡	四联村	巾山路	桂林（气象）		大河村	飞凤小学	老人山	宁远小学	职教中心
降雨量											

雨量站	十一中	航专	上力村	朝阳乡	桂林（水文）		东华路	南溪山	十六中	七星中心校	
降雨量											

区域平均雨量	

全流域平均雨量	扣除青狮潭、川江、小溶江、斧子口后雨量	扣除青狮潭、川江、小溶江后雨量
	扣除青狮潭、川江、斧子口后雨量	扣除川江、小溶江、斧子口后雨量
扣除青狮潭后雨量	扣除青狮潭、小溶江、斧子口后雨量	扣除青狮潭、小溶江后雨量
扣除川江后雨量	扣除青狮潭、川江后雨量	扣除青狮潭、斧子口后雨量
扣除大溶江后雨量	扣除川江、小溶江后雨量	扣除川江、斧子口后雨量
扣除斧子口后雨量	扣除小溶江、斧子口后雨量	
备注		

3.1.1.2　洪水历时和洪峰历时计算

通过集水面积在图 2.2.1、图 2.2.2 上查算洪水历时系数 a 和洪峰历时系数 b，洪水历时和洪峰历时计算公式如下

$$T = ta \tag{3.1.1}$$

式中　T——洪水历时，h；

t——降雨历时，h；

a——洪水历时系数。

$$T_{峰} = Tb \tag{3.1.2}$$

式中　$T_{峰}$——洪峰历时，h；

　　　T——洪水历时，h；

　　　b——洪峰历时系数。

3.1.1.3　洪峰流量计算

通过大量的洪水资料分析发现，一次洪水过程可以概化成一个大的三角形，洪水总量误差一般在10%左右，完全满足洪水预报的要求，这样就可以计算出降雨所形成的洪水基本过程，计算出洪峰流量。

（1）洪水总量计算。这里计算的洪水总量不包含河流底水，是流域降雨量扣除损失后形成的径流量，其计算公式为

$$W_{洪量} = FPK/10 \tag{3.1.3}$$

式中　$W_{洪量}$——洪水总量，万 m^3；

　　　F——流域集水面积，km^2；

　　　P——流域面雨量，mm；

　　　K——径流系数，$\leqslant 1$。

（2）洪峰流量计算。这里计算的洪峰流量不包含河流底水流量，其计算公式为

$$Q_{峰} = 5.56 W_{洪量}/T \tag{3.1.4}$$

式中　$W_{洪量}$——洪水总量，万 m^3；

　　　$Q_{峰}$——洪峰流量，m^3/s；

　　　T——洪水历时，h；

　　　5.56——单位转换系数。

3.1.2　河流实际洪峰流量、水位计算

3.1.1节中计算的洪峰是降雨所形成的洪水洪峰，不包含河流底水流量，为了推算出河流的实际洪峰流量，必须考虑河流底水流量。

（1）河流实际流量计算。由起涨水位通过水位-流量关系曲线计算出河流底水流量 $Q_{底}$，就可以计算出河流的实际洪峰流量 $Q_{洪峰}$，其计算公式为

$$Q_{洪峰} = Q_{峰} + Q_{底} \tag{3.1.5}$$

（2）河流实际水位推算。根据洪峰流量 $Q_{洪峰}$，通过测报断面的水位-流量关系线查算出洪峰水位 $H_{洪峰}$。

3.1.3　河流实际洪峰出现时刻推算

洪峰实际出现的时刻跟测算断面洪水起涨时刻有直接的关系，起涨时刻包括日期（日）和时间（时和分），洪峰实际出现时刻计算就是在洪水起涨时刻基础上往后延长的洪峰历时 $T_{峰}$（见 3.1.1.2 节计算），通过日期和时间转换后得出洪峰时间出现的时刻（日期和时间），具体计算是将洪水起涨时间加洪峰历时除以 24，商的整数位加起涨日期就是洪峰出现的日期，余数就是洪峰出现的时间（时和分）。

（1）洪峰出现日期的计算。

$$D_{峰} = D_{起} + \text{trunc}\left[(T_{起} + T_{峰})/24\right] \tag{3.1.6}$$

式中　$D_{峰}$——洪峰出现日期，d；

　　　$D_{起}$——洪水起涨日期，d；

　　　$T_{起}$——洪水起涨时间，h；

　　　$T_{峰}$——洪峰历时时间，h；

　trunc( )——取整数函数。

（2）洪峰出现时间的计算。

$$T_{峰时} = \text{mod}\left[(T_{起} + T_{峰}), 24\right] \tag{3.1.7}$$

式中　$T_{峰时}$——洪峰出现时间，h；

　　　$T_{起}$——洪水起涨时间，h；

　　　$T_{峰}$——洪峰历时时间，h；

　mod( )——取余数函数。

3.2　工作方法步骤

根据气象水文耦合洪水测报法基本原理和计算方法确定本书洪水计算方案工作方法，为确保该方法准确有效地实施，应遵循如下的工作方法。

（1）前期工作准备。准确量测洪水测算断面以上流域集水面积，分别量测出流域内各支流包括蓄水（调水）工程的集水面积；合理布设满足洪水测报规范要求的雨量站，要求至少 1h 观测传输一次数据；洪水测算断面要求实时观测河道水位，同时具备水位-流量关系推算数据。

（2）流域内资料收集。

1）收集并整理流域内涉水工程的技术基础资料和运行管理资料，特别是蓄水、引水（包括引入、引出）工程，基础资料包括设计标准、水位-库容关系、设计水位（相应库容）、校核水位（相应库容）、溢洪道（拦河坝）形式及堰顶高程、泄洪闸的尺寸、放水涵管的尺寸、蓄水工程到测算断面河道距离以及泄洪传播时间等。

运行管理资料包括实时库水位观测资料及相应的库容、放水涵管实时放水资料、溢洪道（拦河坝）泄流资料、引水工程的出入流量资料、工程断面以上流域内降雨资料等。

2）收集并整理流域洪水资料、雨量资料及蓄水工程运行资料，测算断面洪水资料包括起涨水位（流量）、洪峰水位（流量）、洪峰出现时间、洪水历时等。

雨量资料的收集应对应相应的洪水过程，包括流域面降雨量和降雨历时（一次完整的降雨过程）；相应洪水蓄水运行资料包括放水涵管放水资料、库水位及蓄水资料、溢洪道泄洪资料、所在流域内降雨资料等。

（3）测算洪水相关参数率定。为适应不同流域和降雨过程，洪水测算模型中设定了洪水概化系数、洪水历时调整系数和洪峰历时调整系数。洪水概化系数、洪水历时调整系数与流域形状、下垫面、河床比降有关，两个系数的中数为1，其调整幅度在0.7～1.3之间，通过收集实测的雨洪资料计算对比后确定相应的数值，其值一旦确定，在流域状况不发生较大的变化时，这两个参数的值一般是稳定不变的。

洪峰历时调整系数反映的是洪峰出现时间的调整，与流域降雨时空分布和降雨过程雨量分配有关，如果流域降雨均匀分布，降雨过程雨量遵循前小、中大、后小的原则，洪峰历时调整系数为1，其他根据降雨情况实时调整即可。

（4）降雨-洪水推算。洪水推算的流程见图2.3.1，按3.1节洪水推算方法计算。在计算模型中，通过上述（3）确定的相关参数，收集流域降雨资料（包括降雨量和历时）和洪水起涨水位（流量）、时间，计算流域面雨量，在模型中输入相关的参数（降雨历时、降雨量、集水面积、洪水起涨时间、起涨时水位、径流系数、洪水概化系数、洪水历时调整系数、洪峰历时调整系数），可得到洪水的相关特征值及洪水过程（具体参见第4章～第6章）。

第4章
洪水测算模型建立

根据气象水文耦合洪水测报法基本原理、洪水推算方法，为测算工作简捷方便和相关参数的确定，构建相应的计算模型是必要的。这里利用办公软件 Excel 编制一个洪水测算的基本模型，其基本格式见图 4.0.1。

	A	B	C	D	E	F	G	H	I	J	K	L	M
1								___河道洪水测算成果表					
2	参数	降雨历时 /h	降雨量 /mm	集水面积 /km²	洪水起涨时间			起涨时 水位/m	起涨时流量 /(m³/s)	径流 系数	洪水概 化系数	洪水历时 调整系数	洪峰历时 调整系数
3					日	时	分						
4		9	34.7	2762	16	4	0	143.85	696	0.8	1	1.1	0.9
6	测算 成果	洪水历时 系数	洪峰历时 系数	洪水历时 /h	洪峰出现时间			洪峰水位 /m	洪峰流量 /(m³/s)	洪水总量 /万 m³	备注		
7					日	时	分						
8		4.788	0.245	43.09	16	14	33	145.24	1685	7667			
	说明：												

图 4.0.1　洪水测算模型

4.1　洪水测算模型使用说明

（1）本模型适用于集水面积 3000km² 以下的流域降雨洪水测算。要求流域内必须有布局规范合理的降雨观测设施且能实时观测传输数据、测算洪水河道断面必须能实时观测水位、流量。

（2）模型中的变量参数有降雨历时、降雨量、集水面积、洪水起涨时间、起涨时水位、起涨时流量、径流系数、洪水概化系数、洪水历时调整系数、洪峰历时调整系数。

（3）有关参数解释。

1）**降雨历时**是指一次完整降雨过程的总时间。

2）**径流系数**即产流系数是指一次降雨过程总雨量所形成径流量的转换系数，可根据流域植被和土壤水量饱和程度来确定，一般汛期在 0.55～0.95 之间，非汛期在 0.1～0.55 之间，中数为 1。

3）**洪水概化系数**是指洪水过程在概化三角形时的一个调整参数，即实际洪水过程洪量和概化三角形后计算洪量的差值的调整参数，一般在 0.65～1.4 之间，中数为 1。

4）**洪水历时调整系数**是指根据实际流域情况在集水面积-洪水历时系数查算图中查算系数值的一个调整参数，使之与实际洪水历时吻合，其中数为 1。

5）**洪峰历时调整系数**是指根据流域降雨时空分布和降雨过程实际情况在集水面积-洪峰历时系数查算图中查算系数值的一个调整参数，使之与实际洪峰历时吻合，其中数为 1。

6）**洪水历时系数**是指相同集水面积下的洪水历时与降雨历时之比，即洪水历时/降雨历时，历时的单位为 h。

7）**洪峰历时系数**是指相同集水面积下的洪峰历时与洪水历时之比，即洪峰历时/洪水历时，历时的单位为 h。

8）**洪水历时**是指一次降雨过程形成的洪水过程所历经的时间，即起涨水位到洪峰又回落到起涨水位值所历经的时间。

9）**洪峰历时**是指起涨水位到洪峰出现所历经的时间。

（4）由于形成洪水的过程受流域下垫面、河长、河床比降、植被以及水工建筑物和降雨时空分布、移动的影响较大，模型中通过集水面积查算的洪水历时系数和洪峰历时系数是综合数值，为了让这两个系数与测算流域情况相符，可通过"洪水历时调整系数"和"洪峰历时调整系数"来修正。

（5）流域内跨流域引水工程和水库工程的调蓄对洪水测算的影响比较大，因此必须调查了解并掌握这些涉水工程在洪水测报期的运行情况，以便在测算时将集水面积作适当的调整，可通过"集水面积"栏来调整，做法是扣除一些对下游洪水不起作用的集水面积，只要输入实际产流面积即可。

（6）测报时，掌握并实时更新水位流量关系文件数据。

4.2　使用模型测算时需要注意的几个问题

（1）这是一个基础计算模型，也可用其他方式来编制，可在此模型的基础上，根据任务需求进行参数和测算成果的调整。

（2）参数栏内需要输入实时观测统计或确定好的数据，测算成果栏为自动生成的数据。

（3）洪水概化系数和洪水历时调整系数与流域的结构和特点有关，通过实测洪水对比分析后确定，一般在流域状况不变的情况下，这两个系数是稳定的，它们的中数为1。

（4）影响洪峰历时调整系数的直接因素是降雨的时空分布和降雨过程的雨量分布，其结果反映在洪峰历时（即洪峰出现的时间）。如果流域降雨时空分布均匀，降雨过程前小、中大、后小，洪峰历时系数不需调整，即洪峰历时调整系数的中数为1。一般情况降雨时空分布分上、中、下游统计，如果雨量主要分布在中上游，系数大于1，反之，系数小于1。如果降雨过程雨量分配，前大后小，系数小于1，反之，系数大于1。

（5）降雨历时为覆盖流域有效降雨起止过程的时间（以小时计），判断有效降雨开始和结束时间的时段降雨量标准为不小于1.5mm/h，中间过程时段雨量不限，也可有短时段无雨。

降雨量为流域各观测站在降雨历时过程中的平均降雨量，即流域面雨量（以毫米计），面雨量的统计方法有：①算术平均法；②加权平均法（泰森多边形法）；③等雨量线法；④区域面积加权法。

（6）集水面积为降雨产流影响洪水形成的实际产流面积，如流域内的蓄水工程（或引水工程）全部拦截洪水，则该蓄水工程（或引水工程）以上流域集水面积不计入模型计算的集水面积。

（7）洪水起涨时间表明流域降雨产汇流形成的洪水在该时间已到达测算断面，它是计算洪峰出现时间的起始时间，其包括日、时、分；起涨时水位对应洪水起涨时间观测的水位，起涨时流量由起涨时水位通过测算断面水位-流量关系查算所得。

（8）径流系数反映的是一次过程降雨通过蒸发、下渗、拦截后形成径流量效率的转换系数，该系数小于1；其可以通过降雨洪水径流关系分析得到，可以绘制不同情况降雨-径流系数关系查算图或查算表，以备洪水计算时查用。

（9）洪水历时系数、洪峰历时系数是在集水面积-洪水历时系数查算图和集水面积-洪峰历时系数查算图查算所得系数基础上，通过洪水历时调整系数和洪峰历时调整系数计算后得到的数（经验：洪水历时系数变化的降雨历时临界值为8h，当降雨历时大于8h，洪水历时系数不变；当降雨历时不大于8h，洪水历时系数为降雨历时大于8h雨强系数的1.4倍，即洪水历时系数增大40％，目的是增大洪水历时。提示：可根据具体流域状况确定降雨历时临界值）。

（10）洪水总量是指一次降雨过程的降雨量通过蒸发、下渗、截留后形成洪水过程的洪水总水量（即径流量），不包括河道底水径流量。

第 5 章
洪水测算模型误差分析及等级评定

任何计算方法和计算模型的最终目的是解决实际问题，都是要通过实际案例和大量的数据来验证其稳定性和准确性，同时利用国家相关的技术规范和标准进行评定，确定其方法能否普遍运用。

为验证气象水文耦合洪水测报法的实际效果，选择不同类型不同量级的降雨-洪水关系进行分析计算是必须的。本次验证选择桂林、灌阳、恭城、大化四个水文站，对不同量级的洪水进行追踪测算，时间为 2015—2021 年，具体情况如下。

（1）2015—2021 年桂林水文站洪水测报。集水面积 2762km²，流域内有很多具有调节性的水利工程，共有水库工程 45 座，水库集水面积达 1369km²（其中大中型水库集水面积 1201km²），总库容 110840 万 m³，调洪库容 31332 万 m³，由水库的蓄水放水等调度状况和雨量站分布情况造成的降雨信息不确定性对洪水测报的精度影响特别大。

（2）2016—2021 年桂林市灌阳水文站洪水测报。集水面积 954km²，流域内有小型水库工程 5 座，水库集水面积 10.9km²，总库容 190 万 m³，调洪库容 38 万 m³，对洪水的调节作用极小，可以认为流域内几乎无调节性的水利工程。

（3）2017—2021 年桂林市恭城水文站洪水测报。集水面积 2541km²，流域内包含湖南、广西部分行政区，流域内有很多具有调节性的水利工程，共有水库工程 37 座，水库集水面积达 664km²（其中大中型水库集水面积 542km²），总库容 20795 万 m³，调洪库容 3550 万 m³，由水库的蓄水放水等调度状况和雨量站分布情况造成的降雨信息不确定性对洪水测报的精度影响特别大，湖南区域的降雨资料和水库蓄排洪资料无法正常获取。

（4）2017—2021 年梧州市大化水文站洪水测报。集水面积 1053km²，流域内有水库工程 10 座，水库总集水面积 176km²（其中中型水库集水面积 130km²），总库容 7573 万 m³，调洪库容 2654 万 m³。

5.1 洪水测算案例

下面是用气象水文耦合洪水测报法对桂林水文站、灌阳水文站、大化水文站、恭城水文站进行洪水测算的典型案例，其成果见表 5.1.1～表 5.1.4。

表 5.1.1　　　　　2016 年 6 月 3 日桂林水文站洪水测算表

参数	降雨历时/h	降雨量/mm	集水面积/km²	洪水起涨时间			起涨时水位/m	起涨时流量/(m³/s)	径流系数	洪水概化系数	洪水历时调整系数	洪峰历时调整系数
				日	时	分						
	13	114.2	1897	3	1	0	142.28	150	0.9	0.9	1	0.85

	洪水历时系数	洪峰历时系数	洪水历时/h	洪峰出现时间			洪峰水位/m	洪峰流量/(m³/s)	洪水总量/万 m³	备 注
				日	时	分				
测算成果	4.208	0.2278	54.7	3	13	28	145.61	1934	19497	根据 2016 年 6 月 2 日 20 时至 3 日 9 时降雨进行桂林水文站洪水预测。青狮潭 474km²、川江 127km²、小溶江 264km²、斧子口 314km²、小型水库 190.4km²、全流域 2762km²。本次计算扣除青狮潭、川江、小溶江水库集水面积。降雨过程前大后小。实测洪峰：6 月 3 日 13 时 30 分，水位 145.54m

表 5.1.2　　　　　2016 年 6 月 3 日灌阳水文站洪水测算表

参数	降雨历时/h	降雨量/mm	集水面积/km²	洪水起涨时间			起涨时水位/m	起涨时流量/(m³/s)	径流系数	洪水概化系数	洪水历时调整系数	洪峰历时调整系数
				日	时	分						
	10	96.3	954	3	1	0	245.41	42.2	0.8	0.9	1.1	1.2
测算成果	洪水历时系数	洪峰历时系数	洪水历时/h	洪峰出现时间			洪峰水位/m	洪峰流量/(m³/s)	洪水总量/万 m³	备　注		
				日	时	分						
	4.3846	0.3156	43.85	3	14	50	247.66	1934	19497	2016 年 6 月 3 日 0—10 时灌阳水文站洪水预测。降雨上游比下游大。实测洪峰：6 月 3 日 14 时 30 分，水位 247.59m		

表 5.1.3　　　　　2017 年 6 月 6 日大化水文站洪水测算表

参数	降雨历时/h	降雨量/mm	集水面积/km²	洪水起涨时间			起涨时水位/m	起涨时流量/(m³/s)	径流系数	洪水概化系数	洪水历时调整系数	洪峰历时调整系数
				日	时	分						
	9	62.1	923	6	4	0	107.99	39.3	0.7	0.9	1	0.9
测算成果	洪水历时系数	洪峰历时系数	洪水历时/h	洪峰出现时间			洪峰水位/m	洪峰流量/(m³/s)	洪水总量/万 m³	备　注		
				日	时	分						
	3.977	0.2367	35.79	6	12	28	110.16	600	4012	根据 2017 年 6 月 6 日 2—11 时降雨进行大化水文站洪水预测。茶山水库 130km²、小型水库 46.3km²、全流域 1053km²，本次计算扣除茶山水库集水面积。降雨时空分布不均，降雨过程前大后小。实测洪峰：6 月 6 日 12 时，水位 110.01m		

表 5.1.4   2017 年 7 月 2 日恭城水文站洪水测算表

参数	降雨历时/h	降雨量/mm	集水面积/km²	洪水起涨时间			起涨时水位/m	起涨时流量/(m³/s)	径流系数	洪水概化系数	洪水历时调整系数	洪峰历时调整系数
				日	时	分						
	20	88.2	2541	1	18	0	129.16	264	0.9	0.9	1	1.2

测算成果	洪水历时系数	洪峰历时系数	洪水历时/h	洪峰出现时间			洪峰水位/m	洪峰流量/(m³/s)	洪水总量/万 m³	备 注		
				日	时	分						
	4.308	0.324	86.16	2	21	55	131.77	1566	20170	根据 2017 年 7 月 1 日 20 时至 2 日 16 时降雨进行恭城水文站洪水预测。上游峻山水库 320km²，源口水库 220km²，小型水库 122.39km²，全流域面积 2541km²。降雨时空分布总体均匀，上游雨量比下游大。实测洪峰：7 月 2 日 23 时，水位 131.78m		

将测算结果与备注栏实测的结果进行对比，可以看出测算的洪峰出现的时间及洪峰水位与各水文站的实测值是比较吻合的。

5.2 洪水测报误差分析统计

针对以上四个水文站，共测算 335 场洪水，测算的每场洪水具有不同涨幅、不同量级的雨量。以上洪水洪峰测算成果与各水文站洪水实测资料误差对比分析结果为：86.5% 的测算洪峰流量误差率在 ±25% 以内，82.9% 的测算洪峰流量误差率都在 ±20% 以内；86.2% 的测算洪峰水位误差在 ±25cm 以内，86.2% 的测算洪峰出现时间误差在 ±60min 以内，总体效果尚可。从洪水测算误差统计结果发现，凡测算误差较大的洪水均出现在有多个调节性的水库工程的流域内和小降雨小洪水时段，说明影响精度的主要因素是蓄水工程在测报期间的实际蓄水与放水情况。同时降雨信息不完整及不确定性也是一个重要的因素。

洪水洪峰误差按 8 个等级统计，洪峰流量按相对误差统计，误差级别为±5%；洪峰水位按绝对误差统计，误差级别为±5cm；洪峰出现时间按绝对误差统计，误差级别为±10min，具体成果见表 5.2.1。

表 5.2.1　　洪峰流量、水位、出现时间测报误差分析统计表

误差级别	±5%	±10%	±15%	±20%	±25%	±30%	±35%	±40%
洪峰流量/%	30.5	52.2	70.1	82.9	86.5	88.6	91.2	92.4
误差级别	±5cm	⊥10cm	±15cm	±20cm	±25cm	±30cm	+35cm	±40cm
洪峰水位/%	32.8	57.2	70.1	79.2	86.2	89.1	92.1	93.8
误差级别	±10min	±20min	±30min	±40min	±50min	±60min	±70min	±80min
洪峰出现时间/%	41.8	56.2	68.5	76.2	81.5	86.2	88.5	89.7

5.3　洪水测算成果等级评定

按 GB/T 22482—2008《水文情报预报规范》对上述 4 个水文站 335 场洪水的测算成果与实测洪水进行对比分析，根据规范 6.5 节精度评定的有关规定进行评定，其结果见表 5.3.1。

根据 GB/T 22482—2008《水文情报预报规范》6.1 节要求（甲、乙级可正式发布，丙级只作参考），本计算方法和计算模型测算的洪水成果完全可以用于洪水预报的正式发布，洪峰测报精度等级评定表见表 5.3.1。

表 5.3.1　　　　　　　　洪峰测报精度等级评定表

年　份	确定系数（DC）		合格率（QR）			
	数值	等级	洪峰流量合格率/%	等级	洪峰出现时间合格率/%	等级
2015—2016	0.997	甲级	88.9	甲级	100	甲级
2017	0.978	甲级	70.6	乙级	94.1	甲级
2018	0.986	甲级	71.4	乙级	91.4	甲级
2019	0.984	甲级	76.0	乙级	100	甲级

续表

年 份	确定系数（DC）		合格率（QR）			
	数值	等级	洪峰流量合格率/%	等级	洪峰出现时间合格率/%	等级
2020	0.986	甲级	86.0	甲级	98.2	甲级
2021	0.981	甲级	92.9	甲级	100	甲级
2015—2021	0.992	甲级	81.2	乙级	97.3	甲级

注　1. 表中确定系数（DC）和合格率（QR）是按洪峰流量误差统计的。确定系数 DC 表示洪水预报过程与实测过程之间的吻合程度，表达式为 $DC = 1 - [\sum (y_{测} - y_{实})^2 / \sum (y_{实} - \bar{y}_{实})^2]$（$y_{测}$ 为测算洪峰流量，$y_{实}$ 为实测洪峰流量）$DC > 0.90$ 为甲级，$0.90 \geqslant DC \geqslant 0.70$ 为乙级，$0.70 > DC \geqslant 0.50$ 为丙级。

　　2. 合格预报为一次预报的误差小于许可误差时的预报；合格预报次数与预报总次数之比为合格率（QR）。规范规定的合格预报是：洪峰流量的许可误差为实测洪峰流量的 20%；洪峰出现时间的许可误差为预报根据时间至实测洪峰出现时间之间时距的 30%，最小误差为 3h。$QR \geqslant 85.0\%$ 为甲级，$85.0\% > QR \geqslant 70.0\%$ 为乙级，$70.0\% > QR \geqslant 60.0\%$ 为丙级。

　　3. 洪峰预报时效性 CET 表达式为 $CET = EPF / TPF$，式中 EPT 为发布预报时间至洪峰出现时距。TPF 为理论预见期出现时距，即降雨停止至洪峰出现时距，若大于等于 0.95，属甲等，表示迅速，在 0.85 至 0.95 之间属乙等，表示及时。如果有自动计算面雨量系统，可及时统计出区域面雨量，本方案在雨停后或者停雨前 0.5h 内，可以计算出洪峰量级和洪峰出现的时间，所以，时效性系数完全可达到 0.95 以上或大于 1，属甲级（迅速）。

第 6 章
扩展应用及案例分析

第 2 章～第 4 章就气象水文耦合洪水测报法的基本原理和工作方法作了详细的介绍，从表 5.3.1 洪水测算成果等级评定结果看，确定系数 DC 精度均为甲级，洪峰流量误差合格率在乙级以上，洪峰出现时间合格率均为甲级。根据 GB/T 22482—2008《水文情报预报规范》6.1.3 条规定（洪水预报方案精度达到甲、乙两个等级者，可用于发布正式预报；方案精度达到丙级者，可用于参考性预报；方案精度丙级以下者，只能用于参考性估报），气象水文耦合洪水预报法成果可用于发布正式预报。

该方案不仅能够有效地应用于中小河流洪水测报上，经应用分析，它还可以应用于暴雨洪水形成分析计算、水库洪水调度、涉水工程设计暴雨洪水洪峰和洪水过程的推算、水库最大排洪流量调洪计算、城市暴雨内涝淹没（排涝）洪水计算、临时性的断面洪水涨幅估算、流域多目标（水库工程洪水调度）影响暴雨洪水计算等方面，下面以案例的方式介绍其具体应用。

6.1　单峰洪水的推算

单峰洪水是指一场降雨过程形成一次完整的洪水过程，单峰洪水的推算是气象水文耦合洪水测报法最基本的推算方法，具体计算方法和工作步骤请参照第 4 章的洪水测算模型章节，这里不再赘述。

※案例：2019 年 7 月 13 日桂林市漓江洪水测算

2019 年 7 月 13 日 13 时漓江桂林水文站出现 146.80m 的洪水位，超警戒水位 0.80m，从 6 月 9 日起已发生 4 次超警戒洪水位。城区沿河及部分低洼处被淹，出现严重的内涝，严重地影响人们的生活和生产，造成不同程度的财产损失。下面就这次降雨洪水的形成作分析测算。表 6.1.1 为桂林水文站 5 月 26 日至 7 月 13 日洪水统计表。

表 6.1.1　　桂林水文站 5 月 26 日至 7 月 13 日洪水统计表

序号	月	日	时间	实测洪峰		上游降雨		洪峰水位测算值/m	备　注
				水位/m	涨幅/m	雨量/mm	历时/h		
1	5	26	22—23 时	143.11	0.96	53.6	25	143.32	区域降雨量：青狮潭 60.2mm，川江 80.9mm，小溶江 68.5mm，斧子口 188.2mm，城区 3.4mm
2	5	27	24 时	144.01	1.01	27.2	8	144.22	区域降雨量：青狮潭 32.2mm，川江 13.2mm，小溶江 20.5mm，斧子口 14.6mm，城区 26.4mm
3	6	6	13 时	142.97	0.79	34.7	18	143.02	区域降雨量：青狮潭 47.7mm，川江 36.4mm，小溶江 59.5mm，斧子口 55.3mm，城区 6.9mm
4	6	7	12—13 时	144.70	1.77	86.0	17	144.77	区域降雨量：青狮潭 102.3mm，川江 42.5mm，小溶江 51.6mm，斧子口 51.8mm，城区 130.5mm
5	6	9	20 时 25 分	147.66	3.97	131.2	12	147.35	区域降雨量：青狮潭 185.5mm，川江 96.1mm，小溶江 88.5mm，斧子口 107.5mm，城区 114.5mm。中上游降雨集中在 9 日 2—12 时，下游降雨集中在 6—14 时
6	7	8	6 时 55 分	146.76	4.81	104.6	23	146.73	区域降雨量：青狮潭 74.4mm，川江 63.8mm，小溶江 68.8mm，斧子口 51.1mm，城区 158.8mm

续表

序号	月	日	时间	实测洪峰		上游降雨		洪峰水位测算值/m	备　注
				水位/m	涨幅/m	雨量/mm	历时/h		
7	7	9	6 时（7 时、8 时）	146.39（146.37、146.39）	1.13	73.7	8	146.43	本次洪水是 8 日洪水的复洪。区域降雨量：青狮潭 108.3mm，川江 33.9mm，小溶江 47.8mm，斧子口 45.6mm，城区 77.0mm
8	7	12	15 时—16 时	145.23	1.48	49.4	20	145.33	区域降雨量：青狮潭 57.4mm，川江 38.4mm，小溶江 52.0mm，斧子口 60.8mm，城区 45.5mm
9	7	13	13 时	146.80	2.01	110.8	17	146.95	区域降雨量：青狮潭 94.9mm，川江 50.9mm，小溶江 84.7mm，斧子口 72.2mm，城区 177.4mm

注　上游降雨为桂林水文站断面以上流域面雨量；区域降雨量为区域面雨量。

　　从表 6.1.1 可以看出 5 月下旬到 7 月 13 日桂林共发生了 9 场不同规模的洪水，最大的一场洪水发生在 6 月 9 日，洪峰水位 147.66m；但涨幅最大的洪水发生在 7 月 8 日，涨幅高达 4.81m。13 日的洪水过程是由 12 日 19 时至 13 日 12 时降雨形成的（降雨统计见表 6.1.2），水位从 12 日 23 时 144.79m 开始起涨，13 日 13 时到达洪峰，水位 146.80m，涨幅达 2.01m。

表 6.1.2　2019 年 7 月 12—13 日桂林水文站以上流域降雨量统计表

（降雨时段：7 月 12 日 19 时至 7 月 13 日 12 时）　单位：mm

一、青狮潭（474km²）								
雨量站	黄梅	两合	东江村	兰田	和平	公平	青狮潭坝首	青狮潭库区
降雨量	94.0	71.5	97.5	103.6	72.0	71.2	112.0	137.7
区域平均雨量	94.9							

二、川江(127km²)

雨量站	川江	土江	下白竹江	源头	李桐	毛坪				
降雨量	76.5	35.0			33.0	59.0				
区域平均雨量	50.9									

三、小溶江(264km²)

雨量站	罗江水库	大山内	金石	砚田	塔边					
降雨量			74.0	71.0	109.0					
区域平均雨量	84.7									

四、大溶江以上(不含川江)(840km²)(斧子口 314km²)

雨量站	灵渠	司门	油榨水库	严关	清水江	瑶仁洞水库	古龙洞水库	黄泥冲水库	东界村	上洞	八坊
降雨量	71.0	94.5		67.0	79.5				69.9	95.5	121.5
雨量站	鲤鱼塘	华江乡	华江	过江铺	高寨	猫儿山500	猫儿山1250	猫儿山1600	猫儿山1995		
降雨量	105.5	65.9	74.0	74.0	85.5	83.4	43.7	44.0	24.6		
区域平均雨量	75.0	斧子口平均雨量		72.2	扣除斧子口平均雨量			79.6			

五、大溶江—灵川

雨量站	西边山水库	济中	三街	三街镇	潭下镇	灵川	大岭头水库	灵田乡	苏郭	
降雨量	70.5	125.5	119.0	121.0	60.4	110.0	97.1	183.7	124.5	
区域平均雨量	112.4									

六、城区(含桃花江、部分灵川临桂)

雨量站	金陵	客家水库	乌石水库	庙头	长海厂	白云山水库	新寨水库	定江镇	庭江洞村	洋江头村	山水阳光
降雨量				81.5	123.3		119.8	83.2	108.0	106.0	132.6
雨量站	莲花村	琴潭乡	四联村	巾山路	桂林(气象)	大河村	飞凤小学	老人山	宁远小学	职教中心	
降雨量	93.2	314.6	123.9	79.0	132.4	124.9	146.5	152.6	206.6	271.3	

雨量站	十一中	航专	上力村	朝阳乡	桂林(水文)	东华路	同心园	十六中	七星中心校
降雨量	312.3	330.1	214.0	218.7	307.0	181.7	242.0	229.9	
区域平均雨量	177.4								

全流域平均雨量	110.8	扣除青狮潭、川江、小溶江、斧子口后雨量	133.4	扣除青狮潭、川江、小溶江后雨量	122.5
		扣除青狮潭、川江、斧子口后雨量	126.4	扣除川江、小溶江、斧子口后雨量	124.5
扣除青狮潭后雨量	114.1	扣除青狮潭、小溶江、斧子口后雨量	127.3	扣除青狮潭、小溶江后雨量	118.0
扣除川江后雨量	113.7	扣除青狮潭、川江后雨量	117.8	扣除青狮潭、斧子口后雨量	121.6
扣除大溶江后雨量	113.6	扣除川江、小溶江后雨量	117.0	扣除川江、斧子口后雨量	120.0
扣除斧子口后雨量	116.4	扣除小溶江、斧子口后雨量	120.3		

注　全流域面积 2762km^2,青狮潭面积 474km^2,川江 127km^2,小溶江 264km^2,斧子口 314km^2,小型水库(含金陵水库)190.4km^2。降雨分布极不均匀,13 日 0—5 时降雨强度最大。上游四大水库 11 日 21 时至 12 日 24 时排洪,流量 1050m^3/s;上游青狮潭、斧子口、小溶江水库 13 日 0 时至 9 时 30 分排洪,流量 1000m^3/s。

1. 洪水测算

下面就上游水库工程不同工况进行洪水测算。根据 7 月 12 日 19 时至 13 日 12 时流域内区域降雨和水库工程运行情况,将上游青狮潭、川江、斧子口、小溶江水库按不同运行情况组合(产流区面积和降雨量随之变化)进行洪水测算,共分 16 种情况,具体见表 6.1.3。

表 6.1.3　水库不同运行情况组合进行洪水洪峰测算成果表

序号	水库运行情况组合	测算洪峰流量/(m^3/s)	测算洪峰水位/m	测算洪峰出现的时间	产流区域降雨量/mm	备注
1	青狮潭、川江、斧子口、小溶江水库全部拦截本次洪水	2644	146.29	13 日 13 时 31 分	133.4	见表 6.1.4

续表

序号	水库运行情况组合	测算洪峰流量/(m³/s)	测算洪峰水位/m	测算洪峰出现的时间	产流区域降雨量/mm	备 注
2	青狮潭、川江、斧子口、小溶江水库全部不拦截本次洪水	3200	146.83	13 日14 时 30 分	110.8	见表 6.1.5
3	青狮潭、川江、斧子口水库全部拦截本次洪水	2783	146.43	13 日13 时 41 分	126.4	见表 6.1.6
4	青狮潭、川江、小溶江水库全部拦截本次洪水	2774	146.42	13 日13 时 46 分	122.5	见表 6.1.7
5	川江、斧子口、小溶江水库全部拦截本次洪水	2925	146.58	13 日13 时 50 分	124.5	见表 6.1.8
6	青狮潭、斧子口、小溶江水库全部拦截本次洪水	2638	146.33	13 日13 时 38 分	127.3	见表 6.1.9
7	青狮潭、小溶江水库全部拦截本次洪水	2811	146.46	13 日13 时 49 分	118.0	见表 6.1.10
8	青狮潭、斧子口水库全部拦截本次洪水	2822	146.47	13 日13 时 48 分	121.6	见表 6.1.11
9	青狮潭、川江水库全部拦截本次洪水	2907	146.56	13 日13 时 57 分	117.8	见表 6.1.12
10	川江、小溶江水库全部拦截本次洪水	3045	146.70	13 日14 时 4 分	117.0	见表 6.1.13
11	川江、斧子口水库全部拦截本次洪水	3056	146.71	13 日14 时 2 分	120.0	见表 6.1.14
12	斧子口、小溶江水库全部拦截本次洪水	2961	146.61	13 日13 时 58 分	120.3	见表 6.1.15
13	青狮潭水库全部拦截本次洪水	2945	146.59	13 日14 时 1 分	114.1	见表 6.1.16
14	小溶江水库全部拦截本次洪水	3078	146.72	13 日14 时 12 分	113.6	见表 6.1.17
15	斧子口水库全部拦截本次洪水	3089	146.74	13 日14 时 10 分	116.4	见表 6.1.18
16	川江水库全部拦截本次洪水	3160	146.79	13 日14 时 21 分	113.1	见表 6.1.19

表 6.1.4　　7 月 13 日桂林水文站洪水测算表（第 1 种情况）

参数	降雨历时/h	降雨量/mm	集水面积/km²	洪水起涨时间			起涨时水位/m	起涨时流量/(m³/s)	径流系数	洪水概化系数	洪水历时调整系数	洪峰历时调整系数
				日	时	分						
	17	133.4	1583	12	23	0	144.79	1214	0.95	1	1.1	0.7

测算成果	洪水历时系数	洪峰历时系数	洪水历时/h	洪峰出现时间			洪峰水位/m	洪峰流量/(m³/s)	洪水总量/万 m³	备　注		
				日	时	分						
	4.587	0.1862	77.98	13	13	31	146.29	2644	20061	上游四大水库拦截洪水		

表 6.1.5　　7 月 13 日桂林水文站洪水测算表（第 2 种情况）

参数	降雨历时/h	降雨量/mm	集水面积/km²	洪水起涨时间			起涨时水位/m	起涨时流量/(m³/s)	径流系数	洪水概化系数	洪水历时调整系数	洪峰历时调整系数
				日	时	分						
	17	110.8	2762	12	23	0	144.79	1214	0.95	1	1.1	0.7

测算成果	洪水历时系数	洪峰历时系数	洪水历时/h	洪峰出现时间			洪峰水位/m	洪峰流量/(m³/s)	洪水总量/万 m³	备　注		
				日	时	分						
	4.7872	0.1904	81.38	13	14	30	146.83	3200	29073	上游四大水库不拦截洪水		

表 6.1.6　　7 月 13 日桂林水文站洪水测算表（第 3 种情况）

参数	降雨历时/h	降雨量/mm	集水面积/km²	洪水起涨时间			起涨时水位/m	起涨时流量/(m³/s)	径流系数	洪水概化系数	洪水历时调整系数	洪峰历时调整系数
				日	时	分						
	17	126.4	1847	12	23	0	144.79	1214	0.95	1	1.1	0.7

测算成果	洪水历时系数	洪峰历时系数	洪水历时/h	洪峰出现时间			洪峰水位/m	洪峰流量/(m³/s)	洪水总量/万 m³	备　注		
				日	时	分						
	4.6222	0.1869	78.58	13	13	41	1146.43	2783	22179	上游青狮潭、川江、斧子口水库拦截洪水		

表 6.1.7   7 月 13 日桂林水文站洪水测算表（第 4 种情况）

参数	降雨历时/h	降雨量/mm	集水面积/km²	洪水起涨时间			起涨时水位/m	起涨时流量/(m³/s)	径流系数	洪水概化系数	洪水历时调整系数	洪峰历时调整系数
				日	时	分						
	17	122.5	1897	12	23	0	144.79	1214	0.95	1	1.1	0.7

测算成果	洪水历时系数	洪峰历时系数	洪水历时/h	洪峰出现时间			洪峰水位/m	洪峰流量/(m³/s)	洪水总量/万 m³	备　注		
				日	时	分						
	4.6288	0.1876	78.69	13	13	46	146.42	2774	22076	上游青狮潭、川江、小溶江水库拦截洪水		

表 6.1.8   7 月 13 日桂林水文站洪水测算表（第 5 种情况）

参数	降雨历时/h	降雨量/mm	集水面积/km²	洪水起涨时间			起涨时水位/m	起涨时流量/(m³/s)	径流系数	洪水概化系数	洪水历时调整系数	洪峰历时调整系数
				日	时	分						
	17	124.5	2057	12	23	0	144.79	1214	0.95	1	1.1	0.7

测算成果	洪水历时系数	洪峰历时系数	洪水历时/h	洪峰出现时间			洪峰水位/m	洪峰流量/(m³/s)	洪水总量/万 m³	备　注		
				日	时	分						
	4.6519	0.1876	79.08	13	13	50	146.58	2925	24329	上游川江、斧子口、小溶江水库拦截洪水		

表 6.1.9   7 月 13 日桂林水文站洪水测算表（第 6 种情况）

参数	降雨历时/h	降雨量/mm	集水面积/km²	洪水起涨时间			起涨时水位/m	起涨时流量/(m³/s)	径流系数	洪水概化系数	洪水历时调整系数	洪峰历时调整系数
				日	时	分						
	17	127.3	1710	12	23	0	144.79	1214	0.95	1	1.1	0.7

测算成果	洪水历时系数	洪峰历时系数	洪水历时/h	洪峰出现时间			洪峰水位/m	洪峰流量/(m³/s)	洪水总量/万 m³	备　注		
				日	时	分						
	4.6035	0.1869	78.26	13	13	38	146.33	2683	20680	上游青狮潭、斧子口、小溶江水库拦截洪水		

表 6.1.10　　　7月 13 日桂林水文站洪水测算表（第 7 种情况）

参数	降雨历时/h	降雨量/mm	集水面积/km²	洪水起涨时间			起涨时水位/m	起涨时流量/(m³/s)	径流系数	洪水概化系数	洪水历时调整系数	洪峰历时调整系数
				日	时	分						
	17	118	2024	12	23	0	144.79	1214	0.95	1	1.1	0.7
测算成果	洪水历时系数	洪峰历时系数	洪水历时/h	洪峰出现时间			洪峰水位/m	洪峰流量/(m³/s)	洪水总量/万 m³	备　注		
				日	时	分						
	4.6464	0.1876	78.99	13	13	49	146.46	2811	22689	上游青狮潭、小溶江水库拦截洪水		

表 6.1.11　　　7月 13 日桂林水文站洪水测算表（第 8 种情况）

参数	降雨历时/h	降雨量/mm	集水面积/km²	洪水起涨时间			起涨时水位/m	起涨时流量/(m³/s)	径流系数	洪水概化系数	洪水历时调整系数	洪峰历时调整系数
				日	时	分						
	17	121.6	1974	12	23	0	144.79	1214	0.95	1	1.1	0.7
测算成果	洪水历时系数	洪峰历时系数	洪水历时/h	洪峰出现时间			洪峰水位/m	洪峰流量/(m³/s)	洪水总量/万 m³	备　注		
				日	时	分						
	4.6387	0.1876	78.86	13	13	48	146.47	2822	22804	上游青狮潭、斧子口水库拦截洪水		

表 6.1.12　　　7月 13 日桂林水文站洪水测算表（第 9 种情况）

参数	降雨历时/h	降雨量/mm	集水面积/km²	洪水起涨时间			起涨时水位/m	起涨时流量/(m³/s)	径流系数	洪水概化系数	洪水历时调整系数	洪峰历时调整系数
				日	时	分						
	17	117.8	2161	12	23	0	144.79	1214	0.95	1	1.1	0.7
测算成果	洪水历时系数	洪峰历时系数	洪水历时/h	洪峰出现时间			洪峰水位/m	洪峰流量/(m³/s)	洪水总量/万 m³	备　注		
				日	时	分						
	4.6706	0.1883	79.4	13	13	57	146.56	2907	24184	上游青狮潭、川江水库拦截洪水		

表 6.1.13　　　　7 月 13 日桂林水文站洪水测算表（第 10 种情况）

参数	降雨历时/h	降雨量/mm	集水面积/km²	洪水起涨时间			起涨时水位/m	起涨时流量/(m³/s)	径流系数	洪水概化系数	洪水历时调整系数	洪峰历时调整系数
				日	时	分						
	17	117	2371	12	23	0	144.79	1214	0.95	1	1.1	0.7
测算成果	洪水历时系数	洪峰历时系数	洪水历时/h	洪峰出现时间			洪峰水位/m	洪峰流量/(m³/s)	洪水总量/万 m³	备　注		
				日	时	分						
	4.7069	0.1883	80.02	13	14	4	146.7	3045	26354	上游川江、小溶江水库拦截洪水		

表 6.1.14　　　　7 月 13 日桂林水文站洪水测算表（第 11 种情况）

参数	降雨历时/h	降雨量/mm	集水面积/km²	洪水起涨时间			起涨时水位/m	起涨时流量/(m³/s)	径流系数	洪水概化系数	洪水历时调整系数	洪峰历时调整系数
				日	时	分						
	17	120	2321	12	23	0	144.79	1214	0.95	1	1.1	0.7
测算成果	洪水历时系数	洪峰历时系数	洪水历时/h	洪峰出现时间			洪峰水位/m	洪峰流量/(m³/s)	洪水总量/万 m³	备　注		
				日	时	分						
	4.6981	0.1883	79.87	13	14	2	146.71	3056	26459	上游川江、斧子口水库拦截洪水		

表 6.1.15　　　　7 月 13 日桂林水文站洪水测算表（第 12 种情况）

参数	降雨历时/h	降雨量/mm	集水面积/km²	洪水起涨时间			起涨时水位/m	起涨时流量/(m³/s)	径流系数	洪水概化系数	洪水历时调整系数	洪峰历时调整系数
				日	时	分						
	17	120.3	2184	12	23	0	144.79	1214	0.95	1	1.1	0.7
测算成果	洪水历时系数	洪峰历时系数	洪水历时/h	洪峰出现时间			洪峰水位/m	洪峰流量/(m³/s)	洪水总量/万 m³	备　注		
				日	时	分						
	4.6739	0.1883	79.46	13	13	58	146.61	2961	24960	上游斧子口、小溶江水库拦截洪水		

表 6.1.16　　　7 月 13 日桂林水文站洪水测算表（第 13 种情况）

参数	降雨历时/h	降雨量/mm	集水面积/km²	洪水起涨时间			起涨时水位/m	起涨时流量/(m³/s)	径流系数	洪水概化系数	洪水历时调整系数	洪峰历时调整系数
				日	时	分						
	17	114.1	2288	12	23	0	144.79	1214	0.95	1	1.1	0.7
测算成果	洪水历时系数	洪峰历时系数	洪水历时/h	洪峰出现时间			洪峰水位/m	洪峰流量/(m³/s)	洪水总量/万 m³	备　注		
				日	时	分						
	4.6926	0.1883	79.77	13	14	1	146.59	2943	24801	上游青狮潭水库拦截洪水		

表 6.1.17　　　7 月 13 日桂林水文站洪水测算表（第 14 种情况）

参数	降雨历时/h	降雨量/mm	集水面积/km²	洪水起涨时间			起涨时水位/m	起涨时流量/(m³/s)	径流系数	洪水概化系数	洪水历时调整系数	洪峰历时调整系数
				日	时	分						
	17	113.6	2498	12	23	0	144.79	1214	0.95	1	1.1	0.7
测算成果	洪水历时系数	洪峰历时系数	洪水历时/h	洪峰出现时间			洪峰水位/m	洪峰流量/(m³/s)	洪水总量/万 m³	备　注		
				日	时	分						
	4.73	0.189	80.41	13	14	12	146.72	3078	26958	上游小溶江水库拦截洪水		

表 6.1.18　　　7 月 13 日桂林水文站洪水测算表（第 15 种情况）

参数	降雨历时/h	降雨量/mm	集水面积/km²	洪水起涨时间			起涨时水位/m	起涨时流量/(m³/s)	径流系数	洪水概化系数	洪水历时调整系数	洪峰历时调整系数
				日	时	分						
	17	116.4	2448	12	23	0	144.79	1214	0.95	1	1.1	0.7
测算成果	洪水历时系数	洪峰历时系数	洪水历时/h	洪峰出现时间			洪峰水位/m	洪峰流量/(m³/s)	洪水总量/万 m³	备　注		
				日	时	分						
	4.7212	0.189	80.26	13	14	10	146.73	3089	27070	上游斧子口水库拦截洪水		

表 6.1.19　　　7 月 13 日桂林水文站洪水测算表（第 16 种情况）

参数	降雨历时/h	降雨量/mm	集水面积/km²	洪水起涨时间		起涨时水位/m	起涨时流量/(m³/s)	径流系数	洪水概化系数	洪水历时调整系数	洪峰历时调整系数
				日	时	分					
	17	113.1	2635	12	23	0	144.79	1214	0.95	1	1.1	0.7

测算成果	洪水历时系数	洪峰历时系数	洪水历时/h	洪峰出现时间			洪峰水位/m	洪峰流量/(m³/s)	洪水总量/万 m³	备　注
				日	时	分				
	4.7597	0.1897	80.91	13	14	21	146.79	3160	28312	上游川江水库拦截洪水

从表 6.1.3 可以看出 7 月 12 日 19 时至 13 日 12 时 17h 的降雨在上游水库不同组合蓄排水所形成的洪峰均超过警戒水位（146.00m），洪峰水位为 146.29～146.83m，洪峰出现时间在 7 月 13 日 13 时 31 分至 14 时 10 分。

现状是上游青狮潭、斧子口、小溶江、川江水库在本次洪水期间都排了洪，排洪流量分别为 300～400m³/s、400m³/s、200m³/s、50～100m³/s。下面根据流域降雨和水库排洪情况推算 13 日的洪水。

（1）流域降雨情况。7 月 12 日 19 时至 13 日 12 时全流域（2762km²）降雨量 110.8mm，扣除青狮潭、小溶江、斧子口、川江水库集水面积后流域（1583km²）降雨量 133.4mm。

（2）水库排洪情况。7 月 9 日 13 时青狮潭水库开始排洪，7 月 11 日 21 时青狮潭、小溶江、斧子口、川江水库同时排洪，上游四大水库具体排洪情况见表 6.1.20。

表 6.1.20　　　7 月 9—14 日四大水库排洪统计表

时间		排洪流量/(m³/s)					备　注
日	时	青狮潭水库	斧子口水库	小溶江水库	川江水库	合计	
9	13	300	0	0	0	300	合计流量偏大 30%
10	0	300	0	0	0	300	合计流量偏大 30%
11	20.9	300	0	0	0	300	合计流量偏大 30%
11	21	400	400	200	50	1050	合计流量偏大 30%

续表

时间		排洪流量/(m³/s)					备　注
日	时	青狮潭 水库	斧子口 水库	小溶江 水库	川江水库	合计	
11	21.1	400	400	200	50	1050	合计流量偏大30%
12	23	400	400	200	50	1050	合计流量偏大30%
13	0	400	400	200	50	1050	合计流量偏大30%
13	0.1	400	400	200	0	1000	合计流量偏大30%
13	9.5	400	400	200	0	1000	合计流量偏大30%
13	9.6	0	400	200	0	600	合计流量偏大30%
13	11	0	400	200	100	700	合计流量偏大30%
13	11.1	0	400	200	100	700	合计流量偏大30%
13	19.9	0	400	200	100	700	合计流量偏大30%
13	20	200	400	200	100	900	合计流量偏大30%
14	1	200	400	200	100	900	合计流量偏大30%
14	1.1	100	200	200	50	450	合计流量偏大30%
14	12	100	200	100	50	450	合计流量偏大30%

（3）桂林水文站断面实际洪水的推算。本次洪水是由7月12日19时至13日12时历时17h集中降雨形成的，由于上游水库蓄洪排洪不一致，在分析计算洪水时要分两步进行。

首先根据7月12日19时至13日12时扣除青狮潭、小溶江、斧子口、川江水库集水面积后流域（1583km²）降雨量（133.4mm）计算产流区域洪水，测算洪峰流量为2644 m³/s（含河道底水）、洪量为20061万 m³（不含河道底水），测算成果见表6.1.21。

然后是考虑水库排洪影响的洪水测算，7月13日0时至9时30分青狮潭、斧子口、小溶江水库排洪流量和本次洪水洪峰叠加（水库排洪到桂林水文站的传播时间：青狮潭、斧子口、川江水库为7h，小溶江水库为6h。起涨阶段历时为3.64h），最后推算本次洪水的洪峰流量为1000×70%＋2644＝3344（m³/s），洪峰水位为146.95m，洪峰出现的时间在7月13日13时31分。

表 6.1.21　　　7 月 13 日桂林水文站洪水测算表（最终）

参数	降雨历时/h	降雨量/mm	集水面积/km²	洪水起涨时间			起涨时水位/m	起涨时流量/(m³/s)	径流系数	洪水概化系数	洪水历时调整系数	洪峰历时调整系数
				日	时	分						
	17	133.4	1583	12	23	0	144.79	1214	0.95	1	1.1	0.7
测算成果	洪水历时系数	洪峰历时系数	洪水历时/h	洪峰出现时间			洪峰水位/m	洪峰流量/(m³/s)	洪水总量/万 m³	备　注		
				日	时	分						
	4.587	0.1862	77.98	13	13	31	146.29	2644	20061	上游四大水库拦截洪水		

2. 结论和体会

（1）结论。这里将上游水库工程分三种工况运行，同时对其形成的洪峰测算分析，具体成果见表 6.1.22。

表 6.1.22　　　7 月 13 日不同工况和实测洪水成果及误差分析表

不同工况和实测洪水	测算洪峰		与测算成果洪峰的误差		备　注
	水位/m	流量/(m³/s)	水位/m	流量/(m³/s)	
青狮潭、川江、斧子口、小溶江全部拦截本次洪水	146.29	2644	−0.66	−700	
青狮潭、川江、斧子口、小溶江全部不拦截本次洪水	146.83	3200	−0.12	−144	
青狮潭、川江、斧子口、小溶江拦截本次洪水且人工控制排洪	146.95	3344			本次洪水测算成果
实测洪水	146.80	3170	−0.15	−174	

为消除计算上的误差，本次误差分析以测算洪水成果为标准计算。从表 6.1.22 的误差分析结果可以看出：上游水库排蓄洪水对本次洪水的调节作用，水库人工控制排蓄洪水，洪水位抬高了 0.12m，洪峰流量增加 144m³/s；

测算洪水与实测洪水对比，洪峰流量误差为 5.49%（174÷3170×100%），水位误差为 15cm，符合洪水预报误差规范要求。

（2）体会。基于形成本次洪水的降雨过程和上游灵川、大溶江、灵渠水文站实时观测成果及本次洪水测算成果，在下游桂林水文站洪水来临之前或在洪水形成过程中可以做如下工作。

1）本次强降雨过程主要集中在 13 日 0～5 时，且后期一直降雨，中下游雨量特别大，特别是下游，几乎是上游库区雨量的 2 倍，所以预测洪峰时间有些紧张，但可以通过 12 日 19 时至 13 日 8 时的累计降雨和水库的排洪情况在 13 日 9 时前提前预测洪峰的大小和出现时间，测算的洪峰水位为 146.99m，洪峰流量 3399m³/s，洪峰出现时间为 13 日 10 时 6 分，具体计算结果见表 6.1.23。

表 6.1.23　　7 月 13 日桂林水文站洪水测算表（改进）

参数	降雨历时/h	降雨量/mm	集水面积/km²	洪水起涨时间			起涨时水位/m	起涨时流量/(m³/s)	径流系数	洪水概化系数	洪水历时调整系数	洪峰历时调整系数
				日	时	分						
	13	105.9	1583	12	23	0	144.79	1214	0.95	1	1.1	0.7
参数	洪水历时系数	洪峰历时系数	洪水历时/h	洪峰出现时间			洪峰水位/m	洪峰流量/(m³/s)	洪水总量/万 m³	备　注		
				日	时	分						
测算成果	4.587	0.1862	59.63	13	10	6	146.35	2699	15926	上游四大水库拦截洪水。考虑上游水库排洪，测算洪峰流量为 2699＋1000×70%＝3399（m³/s），洪峰水位 146.99m		

2）由于上游有灵川、大溶江、灵渠三个实时观测水文站，其洪峰到桂林水文站的传播时间分别为 6h 左右、6.5h 左右、6.5h 左右，本次洪水三个水文站的洪峰出现时间为：灵川 13 日 6 时、大溶江 13 日 6 时 20 分、灵渠 13 日 6 时 30 分，三个洪峰到桂林后完全叠加在一起，为此完全可以在 13 日 7 时或 8 时前预测桂林水文站洪峰出现的时间为 13 日 12 时至 13 时 30 分。

3）由于漓江上游水库比较多且在不同支流上，完全可以根据全流域和库区的降雨时差和降雨量来判断流域洪水，从而通过水库错洪调度（包括时间和排洪流量）将洪峰水位控制在合理的范围内，确保漓江行洪安全。

4）降雨预报特别是区域降雨量和降雨历时的预报对洪水量级提前预测特别重要。如果能够相对准确地量化预报本次降雨量和降雨历时，就完全可以提前许多时间预测出本次洪水的规模，为防洪抢险和决策机关预留更多的准备时间。

6.2 复峰洪水的推算

复峰洪水是指多场降雨过程形成一次洪水过程中出现两个或两个以上的洪峰。这样的洪水测算比较复杂，主要由于复涨洪水的洪峰与前一次洪峰相隔时间比较短，前一次洪水的退水过程对复涨洪峰的计算（底水变化比较大）影响比较大。第一次洪峰依然利用图 4.0.1 洪水测算模型计算，后面复涨的洪水在利用图 4.0.1 洪水测算模型测算的基础上，要考虑前一次洪水的退水曲线的影响，具体做法如下。

首先，推算复峰出现的上一场洪水过程，利用将洪水概化一个三角形的原理，推算出上一场洪水的涨水历时、退水历时、洪峰流量（水位）和洪峰出现的时间，这样就可以查算出各退水时段的流量（水位）。

复峰的推算按如下步骤进行。

（1）根据复峰形成的降雨过程历时和降雨量推算出复涨洪水（不含河道底水）的历时、洪峰流量 Q 及洪峰出现的时间。

（2）根据上次的洪水的退水过程计算各时刻的退水流量（或水位）。

（3）根据上一步计算出来的洪峰出现的时间，查算出上次退水相应时间的退水流量 $Q_退$（或水位），然后计算复涨洪水的洪峰流量 $Q_复$，$Q_复 = Q + Q_退$。

（4）根据上一步计算出来的 $Q_复$ 依据水位-流量关系曲线查算复涨洪水的洪峰水位。

连续复涨洪水的洪峰可依据上述步骤进行计算。

※案例：2019年7月8—9日桂林市漓江洪水测算

2019年7月8—9日发生连续两次超警戒洪水，分别是：7月8日6时55分桂林水文站出现146.76m（7—8时146.74m）的高洪水，超警戒水位0.76m；7月9日6时桂林水文站出现146.39m（7时146.37m、8时146.39m）的高洪水，超警戒水位0.39m。城区沿河及部分低洼处被淹，出现严重的内涝，严重影响人们的生活和生产，造成不同程度的财产损失。下面就本次洪水过程的形成作分析推算。表6.2.1为桂林水文站5月26日至7月9日洪水统计表。

表6.2.1　　桂林水文站5月26日至7月9日洪水统计表

序号	月	日	时间	实测洪峰 水位 /m	实测洪峰 涨幅 /m	上游降雨 雨量 /mm	上游降雨 历时 /h	洪峰水位 测算值 /m	备　注
1	5	26	22—23时	143.11	0.96	53.6	25	143.32	区域降雨量:青狮潭60.2mm,川江80.9mm,小溶江68.5mm,斧子口188.2mm,城区3.4mm
2	5	27	24时	144.01	1.01	27.2	8	144.22	区域降雨量:青狮潭32.2mm,川江13.2mm,小溶江20.5mm,斧子口14.6mm,城区26.4mm
3	6	6	13时	142.97	0.79	34.7	18	143.02	区域降雨量:青狮潭47.7mm,川江36.4mm,小溶江59.5mm,斧子口55.3mm,城区6.9mm
4	6	7	12—13时	144.70	1.77	86.0	17	144.77	区域降雨量:青狮潭102.3mm,川江42.5mm,小溶江51.6mm,斧子口51.8mm,城区130.5mm
5	6	9	20时25分	147.66	3.97	131.2	12	147.35	区域降雨量:青狮潭185.5mm,川江96.1mm,小溶江88.5mm,斧子口107.5mm,城区114.5mm。中上游降雨集中在9日2—12时,下游降雨集中在6—14时
6	7	8	6时55分	146.76	4.81	104.6	23	146.73	区域降雨量:青狮潭74.4mm,川江63.8mm,小溶江68.8mm,斧子口51.1mm,城区158.8mm

续表

序号	月	日	时间	实测洪峰 水位/m	实测洪峰 涨幅/m	上游降雨 雨量/mm	上游降雨 历时/h	洪峰水位 测算值/m	备 注
7	7	9	6时 (7时、8时)	146.39 (146.37、146.39)	1.13	73.7	8	146.43	本次洪水是8日洪水的复洪。区域降雨量:青狮潭108.3mm,川江33.9mm,小溶江47.8mm,斧子口45.6mm,城区77.0mm

注 上游降雨为桂林水文站断面以上流域面雨量;区域降雨量为区域面雨量。

从表6.2.1可以看出,5月下旬到7月9日桂林共发生了7场不同规模的洪水,最大的一场洪水发生在6月9日,洪峰水位147.66m;但涨幅最大的洪水发生在7月8日,涨幅高达4.81m。7月8日6时55分洪峰后,在退水的过程中又发生了9日的超警戒洪水位。7月8日的洪水的过程是由7月7日2时至8日1时降雨(降雨量统计见表6.2.2)和7月8日1—7时降雨(降雨量统计见表6.2.3)形成的,水位从7月7日3时141.95m开始起涨,7月8日6时55分到达洪峰,水位146.76m,涨幅达4.81m;9日的洪水的过程是由8日18时至9日2时降雨形成的(降雨量统计见表6.2.4),水位从7月8日21时145.26m开始起涨,7月9日6时到达洪峰,水位146.39m,涨幅达1.13m。

表6.2.2 2019年7月7—8日桂林水文站以上流域降雨量统计表

(降雨时段:7月7日2时至7月8日1时) 单位:mm

一、青狮潭(474km²)							
雨量站	黄梅	两合	东江村	兰田	和平	公平	青狮潭坝首	青狮潭库区
降雨量	83.5	12.5	16.8	76.0	122.0	87.4	69.9	127.4
区域平均雨量	74.4							
二、川江(127km²)							
雨量站	川江	土江	下白竹江	源头	李桐	毛坪		
降雨量	72.5			54.0	65.0			
区域平均雨量	63.8							

续表

三、小溶江（264km²）										
雨量站	罗江水库	大山内	金石	砚田	塔边					
降雨量			57.5	62.5	86.5					
区域平均雨量	68.8									

四、大溶江以上（不含川江）（840km²）（斧子口314km²）										
雨量站	灵渠	司门	油榨水库	严关	清水江	瑶仁洞水库	古龙洞水库	黄泥冲水库	东界村	上洞	八坊
降雨量	139.0	138.0		134.9	93.0				103.2	62.5	62.0
雨量站	鲤鱼塘	华江乡	华江	过江铺	高寨	猫儿山500	猫儿山1250	猫儿山1600	猫儿山1995		
降雨量	85.5	32.4	59.5	66.5	60.5	39.3	39.9	28.3	37.3		
区域平均雨量	73.9	斧子口平均雨量	51.1	扣除斧子口平均雨量	111.8						

五、大溶江—灵川										
雨量站	西边山水库	济中	三街	三街镇	潭下镇	灵川	大岭头水库	灵田乡	苏郭		
降雨量	143.0	160.5	181.0	176.3	134.5	160.0	97.4	180.5	116.0		
区域平均雨量	149.9										

六、城区（含桃花江、部分灵川临桂）										
雨量站	金陵	客家水库	乌石水库	庙头	长海厂	白云山水库	新寨水库	定江镇	庭江洞村	洋江头村	山水阳光
降雨量				119.5	171.1	82.0	123.3	152.4	158.5	133.0	259.7
雨量站	莲花村	琴潭乡	四联村	巾山路	桂林（气象）	大河村	飞凤小学	老人山	宁远小学	职教中心	
降雨量	147.2	226.0	163.9	119.5	156.1	154.7	178.6	166.8	171.8	208.3	
雨量站	十一中	航专	上力村	朝阳乡	桂林（水文）	东华路	同心园	十六中	七星中心校		
降雨量	143.9		149.0	114.0	148.5	174.3	165.0	184.0			
区域平均雨量	158.8										
全流域平均雨量	104.6	扣除青狮潭、川江、小溶江、斧子口后雨量		141.6	扣除青狮潭、川江、小溶江后雨量		119.9				
		扣除青狮潭、川江、斧子口后雨量		131.2	扣除川江、小溶江、斧子口后雨量		126.1				

续表

扣除青狮潭后雨量	110.9	扣除青狮潭、小溶江、斧子口后雨量	135.8	扣除青狮潭、小溶江后雨量	116.4
扣除川江后雨量	106.6	扣除青狮潭、川江后雨量	113.7	扣除青狮潭、斧子口后雨量	126.9
扣除大溶江后雨量	108.4	扣除川江、小溶江后雨量	110.8	扣除川江、斧子口后雨量	119.6
扣除斧子口后雨量	116.7	扣除小溶江、斧子口后雨量	122.5		

注 全流域面积 2762km²，青狮潭面积 474km²，川江 127km²，小溶江 264km²，斧子口 314km²，小型水库(含金陵水库)190.4km²。降雨分布极不均匀，前期已有一周无有效降雨。排洪情况为：7 日 15—20 时小溶江 300m³/s，斧子口 600m³/s;7 日 20 时至 8 日 11 时小溶江 500m³/s，斧子口 800m³/s;7 日 20 时至 18 时 30 分青狮潭 500m³/s。降雨：7 日 7—8 时黄梅雨量站 52.0mm，和平雨量站 56.5mm(青狮潭库区其他雨量站无雨)。

表 6.2.3　2019 年 7 月 8 日桂林水文站以上流域降雨量统计表

(降雨时段：7 月 8 日 1—7 时)　　　　　单位：mm

一、青狮潭(474km²)							
雨量站	黄梅	两合	东江村	兰田	和平	公平	青狮潭坝首	青狮潭库区
降雨量	4.0	3.5	4.3	3.6	3.5	6.2	2.5	2.7
区域平均雨量	3.8							

二、川江(127km²)					
雨量站	川江	土江	下白竹江	源头	李桐	毛坪
降雨量	8.5			4.0	16.5	
区域平均雨量	9.7					

三、小溶江(264km²)				
雨量站	罗江水库	大山内	金石	砚田	塔边
降雨量	0.0		4.7	6.0	6.0
区域平均雨量	4.2				

四、大溶江以上(不含川江)(840km²)(斧子口 314km²)										
雨量站	灵渠	司门	油榨水库	严关	清水江	瑶仁洞水库	古龙洞水库	黄泥冲水库	东界村	上洞	八坊
降雨量	17.5	12.0		23.7	23.5				42.7	20.0	5.0

续表

雨量站	鲤鱼塘	华江乡	华江	过江铺	高寨	猫儿山500	猫儿山1250	猫儿山1600	猫儿山1995	
降雨量	23.0	4.7	6.5	4.5	8.5	8.3	12.6	8.7	10.7	
区域平均雨量	14.5	斧子口平均雨量		9.3	扣除斧子口平均雨量				23.2	

五、大溶江—灵川										
雨量站	西边山水库		济中	三街	三街镇	潭下镇	灵川	大岭头水库	灵田乡	苏郭
降雨量	18.0		4.0	16.0	20.3	3.3	3.0	0.3	2.6	3.0
区域平均雨量	7.8									

六、城区（含桃花江、部分灵川临桂）										
雨量站	金陵	客家水库	乌石水库	庙头	长海厂	白云山水库	新寨水库	定江镇	庭江洞村	洋江头村	山水阳光
降雨量				1.0	1.7	0.0	3.0	0.2	1.0	28.0	3.4
雨量站	莲花村	琴潭乡	四联村	巾山路	桂林（气象）	大河村	飞凤小学	老人山	宁远小学	职教中心
降雨量	8.5	1.2	1.2	0.6	1.0	0.9	0.6	1.3	0.8	1.8
雨量站	十一中	航专	上力村	朝阳乡	桂林（水文）	东华路	同心园	十六中	七星中心校
降雨量	0.4		1.3	1.5	0.5	0.5	1.0	1.7	
区域平均雨量	2.5									

全流域平均雨量	7.4	扣除青狮潭、川江、小溶江、斧子口后雨量		10.3	扣除青狮潭、川江、小溶江后雨量		8.6
		扣除青狮潭、川江、斧子口后雨量		9.5	扣除川江、小溶江、斧子口后雨量		8.8
扣除青狮潭后雨量	8.2	扣除青狮潭、小溶江、斧子口后雨量		10.3	扣除青狮潭、小溶江后雨量		8.7
扣除川江后雨量	7.3	扣除青狮潭、川江后雨量		8.1	扣除青狮潭、斧子口后雨量		9.5

续表

扣除大溶江后雨量	7.7	扣除川江、小溶江后雨量	7.6	扣除川江、斧子口后雨量	8.3
扣除斧子口后雨量	8.4	扣除小溶江、斧子口后雨量	8.9		

注 全流域面积 2762km²，青狮潭面积 474km²，川江 127km²，小溶江 264km²，斧子口 314km²，小型水库（含金陵水库）190.4km²。降雨分布极不均匀，前期已有一周无有效降雨，7 日 15 时至 8 日 11 时小溶江、川江、斧子口以 300m³/s 排洪，青狮潭 8 日 4 时至 18 时 30 分以 300m³/s 排洪。降雨：7 日 7—8 时黄梅雨量站 52.0mm，和平雨量站 56.5mm（青狮潭库区其他雨量站无雨）。

表 6.2.4　2019 年 7 月 8—9 日桂林水文站以上流域降雨量统计表
（降雨时段：7 月 8 日 18 时至 7 月 9 日 2 时）　单位：mm

一、青狮潭（474km²）							
雨量站	黄梅	两合	东江村	兰田	和平	公平	青狮潭坝首	青狮潭库区
降雨量	99.5	107.5		133.8	102.5	107.8	95.3	111.7
区域平均雨量	108.3							

二、川江（127km²）					
雨量站	川江	土江	下白竹江	源头	李桐	毛坪
降雨量	45.5	31.0		26.0	33.0	
区域平均雨量	33.9					

三、小溶江（264km²）				
雨量站	罗江水库	大山内	金石	砚田	塔边
降雨量	10.0		51.0	64.5	65.5
区域平均雨量	47.8				

四、大溶江以上（不含川江）（840km²）（斧子口 314km²）										
雨量站	灵渠	司门	油榨水库	严关	清水江	瑶仁洞水库	古龙洞水库	黄泥冲水库	东界村	上洞	八坊
降雨量	112.5	71.5		109.0	73.5	19.0	31.0	18.0	40.6	47.5	38.5
雨量站	鲤鱼塘	华江乡	华江	过江铺	高寨	猫儿山500	猫儿山1250	猫儿山1600	猫儿山1995		
降雨量	42.0	39.7	49.0	49.5	51.0	50.6	44.8				
区域平均雨量	52.2	斧子口平均雨量		45.6	扣除斧子口平均雨量	58.1					

五、大溶江—灵川									
雨量站	西边山水库	济中	三街	三街镇	潭下镇	灵川	大岭头水库	灵田乡	苏郭
降雨量	100.0	39.5	198.0	194.3	91.4	230.5	33.4	23.0	96.5
区域平均雨量	111.8								

六、城区（含桃花江、部分灵川临桂）										
雨量站	金陵	客家水库	乌石水库	庙头	长海厂	白云山水库	新寨水库	定江镇	庭江洞村	洋江头村	山水阳光
降雨量				97.5	120.5		117.0	110.1	134.5	136.0	159.6
雨量站	莲花村	琴潭乡	四联村	巾山路	桂林(气象)		大河村	飞凤小学	老人山	宁远小学	职教中心
降雨量	132.7	65.8	141.1		119.0		127.4	95.0	55.7	30.1	31.6
雨量站	十一中	航专	上力村	朝阳乡	桂林(水文)		东华路	同心园	十六中	七星中心校	
降雨量	15.5	10.7	20.1	17.0	11.5		54.6	20.5	24.7		
区域平均雨量	77.0										

全流域平均雨量	73.7	扣除青狮潭、川江、小溶江、斧子口后雨量		77.1	扣除青狮潭、川江、小溶江后雨量		71.3
		扣除青狮潭、川江、斧子口后雨量		72.9	扣除川江、小溶江、斧子口后雨量		84.3
扣除青狮潭后雨量	66.5	扣除青狮潭、小溶江、斧子口后雨量		73.9	扣除青狮潭、小溶江后雨量		69.0
扣除川江后雨量	75.6	扣除青狮潭、川江后雨量		68.4	扣除青狮潭、斧子口后雨量		70.4
扣除大溶江后雨量	76.4	扣除川江、小溶江后雨量		78.7	扣除川江、斧子口后雨量		80.1
扣除斧子口后雨量	77.7	扣除小溶江、斧子口后雨量		81.3			

注　全流域面积 2762km²，青狮潭面积 474km²，川江 127km²，小溶江 264km²，斧子口 314km²，小型水库（含金陵水库）190.4km²。降雨分布极不均匀。上游四大水库不排洪。

1. 洪水测算

（1）7月8日洪水的测算。

下面根据上游水库工程不同工况对洪水进行测算。根据7月7日2时至8日1时和7月8日1—7时流域内区域降雨量，将上游青狮潭、川江、斧子口、小溶江水库按不同运行情况组合（产流区面积和降雨量随之变化）测算本次降雨过程形成的洪峰流量和水位，共分16种情况，计算成果见表6.2.5。

表6.2.5　　　　　上游水库拦截洪水洪峰测算成果表

序号	水库运行情况	测算洪峰流量/(m³/s)	测算洪峰水位/m	测算洪峰出现的时间	产流区域雨量/mm	备注
1	青狮潭、川江、斧子口、小溶江全部拦截本次洪水	1288	144.85	8日7时4分	151.9	见表6.2.6
2	青狮潭、川江、斧子口、小溶江全部不拦截本次洪水	1568	145.09	8日7时27分	112.0	见表6.2.7
3	青狮潭、川江、斧子口全部拦截本次洪水	1376	144.92	8日7时23分	140.7	见表6.2.8
4	青狮潭、川江、小溶江全部拦截本次洪水	1297	144.85	8日7时10分	128.5	见表6.2.9
5	川江、斧子口、小溶江全部拦截本次洪水	1454	144.97	8日7时13分	134.9	见表6.2.10
6	青狮潭、斧子口、小溶江全部拦截本次洪水	1331	144.88	8日7时16分	146.1	见表6.2.11
7	青狮潭、小溶江全部拦截本次洪水	1336	144.89	8日7时38分	125.1	见表6.2.12
8	青狮潭、斧子口全部拦截本次洪水	1484	144.95	8日7时36分	136.4	见表6.2.13
9	青狮潭、川江全部拦截本次洪水	1379	144.92	8日7时54分	121.8	见表6.2.14
10	川江、小溶江全部拦截本次洪水	1454	144.97	8日6时40分	118.4	见表6.2.15
11	川江、斧子口全部拦截本次洪水	1536	145.06	8日6时37分	127.9	见表6.2.16
12	斧子口、小溶江全部拦截本次洪水	1500	145.01	8日6时28分	131.9	见表6.2.17

续表

序号	水库运行情况	测算洪峰流量/(m³/s)	测算洪峰水位/m	测算洪峰出现的时间	产流区域雨量/mm	备注
13	青狮潭全部拦截本次洪水	1418	144.95	8 日 6 时 35 分	119.1	见表 6.2.18
14	小溶江全部拦截本次洪水	1493	145.00	8 日 6 时 54 分	116.1	见表 6.2.19
15	斧子口全部拦截本次洪水	1574	145.10	8 日 6 时 51 分	125.1	见表 6.2.20
16	川江全部拦截本次洪水	1533	145.05	8 日 7 时 11 分	113.9	见表 6.2.21

表 6.2.6　　7 月 8 日桂林水文站洪水测算表（第 1 种情况）

参数	降雨历时/h	降雨量/mm	集水面积/km²	洪水起涨时间			起涨时水位/m	起涨时流量/(m³/s)	径流系数	洪水概化系数	洪水历时调整系数	洪峰历时调整系数
				日	时	分						
	23	151.9	1583	7	3	0	141.95	84.5	0.95	1	1.1	1
测算成果	洪水历时系数	洪峰历时系数	洪水历时/h	洪峰出现时间			洪峰水位/m	洪峰流量/(m³/s)	洪水总量/万 m³	备注		
				日	时	分						
	4.587	0.266	105.5	8	7	4	144.85	1288	22843	上游四大水库拦截洪水		

表 6.2.7　　7 月 8 日桂林水文站洪水测算表（第 2 种情况）

参数	降雨历时/h	降雨量/mm	集水面积/km²	洪水起涨时间			起涨时水位/m	起涨时流量/(m³/s)	径流系数	洪水概化系数	洪水历时调整系数	洪峰历时调整系数
				日	时	分						
	23	112	2762	7	3	0	141.95	84.5	0.95	1	1.1	0.95
测算成果	洪水历时系数	洪峰历时系数	洪水历时/h	洪峰出现时间			洪峰水位/m	洪峰流量/(m³/s)	洪水总量/万 m³	备注		
				日	时	分						
	4.7872	0.2584	110.11	8	7	27	145.09	1568	29388	上游四大水库不拦截洪水		

表 6.2.8　　　7 月 8 日桂林水文站洪水测算表（第 3 种情况）

参数	降雨历时/h	降雨量/mm	集水面积/km²	洪水起涨时间			起涨时水位/m	起涨时流量/(m³/s)	径流系数	洪水概化系数	洪水历时调整系数	洪峰历时调整系数
				日	时	分						
	23	140.7	1847	7	3	0	141.95	84.5	0.95	1	1.1	1
测算成果	洪水历时系数	洪峰历时系数	洪水历时/h	洪峰出现时间			洪峰水位/m	洪峰流量/(m³/s)	洪水总量/万 m³	备　　注		
				日	时	分						
	4.6222	0.267	106.31	8	7	23	144.92	1376	24688	上游青狮潭、川江、斧子口水库拦截洪水		

表 6.2.9　　　7 月 8 日桂林水文站洪水测算表（第 4 种情况）

参数	降雨历时/h	降雨量/mm	集水面积/km²	洪水起涨时间			起涨时水位/m	起涨时流量/(m³/s)	径流系数	洪水概化系数	洪水历时调整系数	洪峰历时调整系数
				日	时	分						
	23	128.5	1897	7	3	0	141.95	84.5	0.95	1	1.1	1
测算成果	洪水历时系数	洪峰历时系数	洪水历时/h	洪峰出现时间			洪峰水位/m	洪峰流量/(m³/s)	洪水总量/万 m³	备　　注		
				日	时	分						
	4.6288	0.268	106.46	8	7	32	144.85	1294	23158	上游青狮潭、川江、小溶江水库拦截洪水		

表 6.2.10　　　7 月 8 日桂林水文站洪水测算表（第 5 种情况）

参数	降雨历时/h	降雨量/mm	集水面积/km²	洪水起涨时间			起涨时水位/m	起涨时流量/(m³/s)	径流系数	洪水概化系数	洪水历时调整系数	洪峰历时调整系数
				日	时	分						
	23	134.9	2057	7	3	0	141.95	84.5	0.95	1	1.1	1
测算成果	洪水历时系数	洪峰历时系数	洪水历时/h	洪峰出现时间			洪峰水位/m	洪峰流量/(m³/s)	洪水总量/万 m³	备　　注		
				日	时	分						
	4.6519	0.268	106.99	8	7	40	144.97	1454	26361	上游川江、斧子口、小溶江水库拦截洪水		

表 6.2.11　　　7 月 8 日桂林水文站洪水测算表（第 6 种情况）

参数	降雨历时/h	降雨量/mm	集水面积/km²	洪水起涨时间			起涨时水位/m	起涨时流量/(m³/s)	径流系数	洪水概化系数	洪水历时调整系数	洪峰历时调整系数
				日	时	分						
	23	146.1	1710	7	3	0	141.95	84.5	0.95	1	1.1	1
测算成果	洪水历时系数	洪峰历时系数	洪水历时/h	洪峰出现时间			洪峰水位/m	洪峰流量/(m³/s)	洪水总量/万 m³	备　注		
				日	时	分						
	4.6035	0.267	105.88	8	7	16	144.88	1331	23734	上游青狮潭、斧子口、小溶江水库拦截洪水		

表 6.2.12　　　7 月 8 日桂林水文站洪水测算表（第 7 种情况）

参数	降雨历时/h	降雨量/mm	集水面积/km²	洪水起涨时间			起涨时水位/m	起涨时流量/(m³/s)	径流系数	洪水概化系数	洪水历时调整系数	洪峰历时调整系数
				日	时	分						
	23	125.1	2024	7	3	0	141.95	84.5	0.95	1	1.1	1
测算成果	洪水历时系数	洪峰历时系数	洪水历时/h	洪峰出现时间			洪峰水位/m	洪峰流量/(m³/s)	洪水总量/万 m³	备　注		
				日	时	分						
	4.6464	0.268	106.87	8	7	38	144.89	1336	24054	上游青狮潭、小溶江水库拦截洪水		

表 6.2.13　　　7 月 8 日桂林水文站洪水测算表（第 8 种情况）

参数	降雨历时/h	降雨量/mm	集水面积/km²	洪水起涨时间			起涨时水位/m	起涨时流量/(m³/s)	径流系数	洪水概化系数	洪水历时调整系数	洪峰历时调整系数
				日	时	分						
	23	136.4	1974	7	3	0	141.95	84.5	0.95	1	1.1	1
测算成果	洪水历时系数	洪峰历时系数	洪水历时/h	洪峰出现时间			洪峰水位/m	洪峰流量/(m³/s)	洪水总量/万 m³	备　注		
				日	时	分						
	4.6387	0.268	106.69	8	7	36	144.95	1418	25579	上游青狮潭、斧子口水库拦截洪水		

表 6.2.14　　　　7 月 8 日桂林水文站洪水测算表（第 9 种情况）

参数	降雨历时/h	降雨量/mm	集水面积/km²	洪水起涨时间			起涨时水位/m	起涨时流量/(m³/s)	径流系数	洪水概化系数	洪水历时调整系数	洪峰历时调整系数
				日	时	分						
	23	121.8	2161	7	3	0	141.95	84.5	0.95	1	1.1	1
测算成果	洪水历时系数	洪峰历时系数	洪水历时/h	洪峰出现时间			洪峰水位/m	洪峰流量/(m³/s)	洪水总量/万 m³	备　　注		
				日	时	分						
	4.6706	0.269	107.42	8	7	54	144.92	1379	25005	上游青狮潭、川江水库拦截洪水		

表 6.2.15　　　　7 月 8 日桂林水文站洪水测算表（第 10 种情况）

参数	降雨历时/h	降雨量/mm	集水面积/km²	洪水起涨时间			起涨时水位/m	起涨时流量/(m³/s)	径流系数	洪水概化系数	洪水历时调整系数	洪峰历时调整系数
				日	时	分						
	23	118.4	2371	7	3	0	141.95	84.5	0.95	1	1.1	0.95
测算成果	洪水历时系数	洪峰历时系数	洪水历时/h	洪峰出现时间			洪峰水位/m	洪峰流量/(m³/s)	洪水总量/万 m³	备　　注		
				日	时	分						
	4.7069	0.256	108.26	8	6	40	144.97	1454	26669	上游川江、小溶江水库拦截洪水		

表 6.2.16　　　　7 月 8 日桂林水文站洪水测算表（第 11 种情况）

参数	降雨历时/h	降雨量/mm	集水面积/km²	洪水起涨时间			起涨时水位/m	起涨时流量/(m³/s)	径流系数	洪水概化系数	洪水历时调整系数	洪峰历时调整系数
				日	时	分						
	23	127.9	2321	7	3	0	141.95	84.5	0.95	1	1.1	0.95
测算成果	洪水历时系数	洪峰历时系数	洪水历时/h	洪峰出现时间			洪峰水位/m	洪峰流量/(m³/s)	洪水总量/万 m³	备　　注		
				日	时	分						
	4.6981	0.256	108.06	8	6	37	145.06	1536	28201	上游川江、斧子口水库拦截洪水		

表 6.2.17　　7 月 8 日桂林水文站洪水测算表（第 12 种情况）

参数	降雨历时/h	降雨量/mm	集水面积/km²	洪水起涨时间			起涨时水位/m	起涨时流量/(m³/s)	径流系数	洪水概化系数	洪水历时调整系数	洪峰历时调整系数
				日	时	分						
	23	131.9	2184	7	3	0	141.95	84.5	0.95	1	1.1	0.95
测算成果	洪水历时系数	洪峰历时系数	洪水历时/h	洪峰出现时间			洪峰水位/m	洪峰流量/(m³/s)	洪水总量/万 m³	备　注		
				日	时	分						
	4.6739	0.256	107.5	8	6	28	145.01	1500	27367	上游斧子口、小溶江水库拦截洪水		

表 6.2.18　　7 月 8 日桂林水文站洪水测算表（第 13 种情况）

参数	降雨历时/h	降雨量/mm	集水面积/km²	洪水起涨时间			起涨时水位/m	起涨时流量/(m³/s)	径流系数	洪水概化系数	洪水历时调整系数	洪峰历时调整系数
				日	时	分						
	23	119.1	2288	7	3	0	141.95	84.5	0.95	1	1.1	0.95
测算成果	洪水历时系数	洪峰历时系数	洪水历时/h	洪峰出现时间			洪峰水位/m	洪峰流量/(m³/s)	洪水总量/万 m³	备　注		
				日	时	分						
	4.6926	0.256	107.93	8	6	35	144.95	1418	25888	上游青狮潭水库拦截洪水		

表 6.2.19　　7 月 8 日桂林水文站洪水测算表（第 14 种情况）

参数	降雨历时/h	降雨量/mm	集水面积/km²	洪水起涨时间			起涨时水位/m	起涨时流量/(m³/s)	径流系数	洪水概化系数	洪水历时调整系数	洪峰历时调整系数
				日	时	分						
	23	116.1	2498	7	3	0	141.95	84.5	0.95	1	1.1	0.95
测算成果	洪水历时系数	洪峰历时系数	洪水历时/h	洪峰出现时间			洪峰水位/m	洪峰流量/(m³/s)	洪水总量/万 m³	备　注		
				日	时	分						
	4.73	0.2565	108.79	8	6	54	145	1493	27552	上游小溶江水库拦截洪水		

表 6.2.20　　　7月 8 日桂林水文站洪水测算表（第 15 种情况）

参数	降雨历时/h	降雨量/mm	集水面积/km²	洪水起涨时间		起涨时水位/m	起涨时流量/(m³/s)	径流系数	洪水概化系数	洪水历时调整系数	洪峰历时调整系数
				日	时	分						
	23	125.1	2448	7	3	0	141.95	84.5	0.95	1	1.1	0.95
测算成果	洪水历时系数	洪峰历时系数	洪水历时/h	洪峰出现时间		洪峰水位/m	洪峰流量/(m³/s)	洪水总量/万 m³	备　注		
				日	时	分						
	4.7212	0.2565	108.59	8	6	51	145.1	1574	29093	上游斧子口水库拦截洪水		

表 6.2.21　　　7月 8 日桂林水文站洪水测算表（第 16 种情况）

参数	降雨历时/h	降雨量/mm	集水面积/km²	洪水起涨时间		起涨时水位/m	起涨时流量/(m³/s)	径流系数	洪水概化系数	洪水历时调整系数	洪峰历时调整系数
				日	时	分						
	23	113.9	2635	7	3	0	141.95	84.5	0.95	1	1.1	0.95
测算成果	洪水历时系数	洪峰历时系数	洪水历时/h	洪峰出现时间		洪峰水位/m	洪峰流量/(m³/s)	洪水总量/万 m³	备　注		
				日	时	分						
	4.7597	0.2575	109.47	8	7	11	145.05	1533	28512	上游川江水库拦截洪水		

　　从表 6.2.5 可以看出，7 日 2 时至 8 日 1 时 23h 的降雨（包括 8 日 1—7 时的降雨量）在上游水库不同组合拦蓄洪水所形成的洪峰均未超过警戒水位（146.00m），洪峰水位为 144.85～145.10m，洪峰出现时间在 8 日 6 时 28 分至 7 时 54 分。

　　现状是上游青狮潭、斧子口、小溶江水库在洪水期间都排了洪（川江水库未排洪），排洪流量分别为 300～500m³/s、600～800m³/s、300～500m³/s。现根据流域降雨和水库排洪情况推算本次洪水。

　　1）流域降雨情况。7 日 2 时至 8 日 1 时全流域（2762km²）降雨 104.6mm，8 日 1—7 时全流域（2762km²）降雨 7.4mm；7 日 2 时至 8 日 1 时扣除青狮潭、小溶江、斧子口、川江水库集水面积后流域（1583km²）

降雨 141.6mm，8 日 1—7 时扣除青狮潭、小溶江、斧子口、川江水库集水面积后流域（1583km²）降雨 10.3mm。

2）水库排洪情况。7 日 15 时斧子口、小溶江水库开始排洪，7 日 20 时青狮潭水库开始排洪，上游四大水库具体排洪见表 6.2.22。

表 6.2.22　　　　　7 月 7—8 日四大水库排洪统计表

时间		排洪流量/(m³/s)					备注
日	时	青狮潭水库	斧子口水库	小溶江水库	川江水库	合计	
7	15	0	600	300	0	900	
7	20	500	800	500	0	1800	
8	11	500	800	500	0	1800	
8	11.1	500	0	0	0	500	
8	18.5	500	0	0	0	500	青狮潭 18 时 30 分停止排洪

3）桂林水文站实际洪水的推算。本次洪水是由 7 日 2 时至 8 日 1 时共 23h 的集中降雨和 8 日 1—7 时零星的小雨形成的，由于上游蓄洪排洪不一致，在分析计算洪水时要分两步进行。

首先根据 7 日 2 时至 8 日 1 时扣除青狮潭、小溶江、斧子口、川江水库集水面积后流域（1583km²）降雨量（141.6mm）计算产流区域洪水，测算洪峰流量为 1207m³/s、洪水总量为 21295 万 m³（不含基流），测算成果见表 6.2.23。

表 6.2.23　　　　7 月 8 日桂林水文站洪水测算表（最终）

参数	降雨历时/h	降雨量/mm	集水面积/km²	洪水起涨时间			起涨时水位/m	起涨时流量/(m³/s)	径流系数	洪水概化系数	洪水历时调整系数	洪峰历时调整系数
				日	时	分						
	23	141.6	1583	7	3	0	141.95	84.5	0.95	1	1.1	1

测算成果	洪水历时系数	洪峰历时系数	洪水历时/h	洪峰出现时间			洪峰水位/m	洪峰流量/(m³/s)	洪水总量/万 m³	备注		
				日	时	分						
	4.587	0.266	105.5	8	7	4	144.78	1207	21295	上游四大水库拦截洪水		

由于洪水期间流域内零星的小雨，在洪水计算时必须考虑，8 日 1—7 时降雨 10.3mm（不含上游四大水库），产流量 $10.3 \times 1530 \times 0.95 \div 10 = 1497$（万 m^3），由此可计算洪水总量（不含基流）为 $21295 + 1497 = 22792$（万 m^3），最后加上基流（84.5 m^3/s）计算洪峰流量为：$84.5 + (22792 \times 2 \div 105.5 \div 0.36) = 1285$（$m^3/s$）。

然后是考虑水库排洪影响的洪水测算，7 日 20 时至 8 日 11 时青狮潭、斧子口、小溶江水库排洪流量和本次洪水洪峰叠加（水库排洪到桂林水文站的传播时间：青狮潭、斧子口、川江水库为 7h，小溶江水库为 6h。起涨阶段历时为 3.64h），最后根据上游水库排洪情况来推算本次（8 日）洪水的洪峰流量为：$1800 + 1285 = 3085$（m^3/s），洪峰水位为 146.73m，洪峰出现的时间在 8 日 7 时 4 分。

(2) 7 月 9 日洪水的推算。9 日的洪水是由 8 日 18 时至 9 日 2 时 8h 降雨过程形成的，是在 8 日洪水退水过程中（从 8 日 21 时 145.26m 开始起涨）的复涨洪水，因此在测算时必须考虑 8 日洪水退水的影响，具体推算过程如下。

1）不考虑退水影响的洪水计算。上游四大水库从 8 日 18 时 30 分至 9 日 13 时下闸蓄洪，因此在计算时不考虑四大水库库区降雨对洪水的影响，在不考虑退水影响的情况下，测算的洪峰流量为 3461m^3/s，洪峰水位为 147.04m，洪峰出现时间在 9 日 6 时 46 分，测算成果见表 6.2.24（水库不拦截洪水测算表见表 6.2.25）。扣除河道底水（起涨流量）后 9 日 6 时 46 分的洪峰流量为 $3461 - 1704 = 1757$（m^3/s）。

表 6.2.24 7 月 9 日水库拦截洪水桂林水文站洪水测算表

参数	降雨历时/h	降雨量/mm	集水面积/km²	洪水起涨时间			起涨时水位/m	起涨时流量/(m³/s)	径流系数	洪水概化系数	洪水历时调整系数	洪峰历时调整系数
				日	时	分						
	8	77.1	1583	8	21	0	145.26	1704	0.95	1	1.1	1
测算成果	洪水历时系数	洪峰历时系数	洪水历时/h	洪峰出现时间			洪峰水位/m	洪峰流量/(m³/s)	洪水总量/万 m³	备 注		
				日	时	分						
	4.587	0.266	36.7	9	6	46	147.04	3461	11595	上游四大水库拦截洪水		

表 6.2.25　7 月 9 日水库不拦截洪水桂林水文站洪水测算表

参数	降雨历时/h	降雨量/mm	集水面积/km²	洪水起涨时间		起涨时水位/m	起涨时流量/(m³/s)	径流系数	洪水概化系数	洪水历时调整系数	洪峰历时调整系数
				日	时	分						
	8	73.7	2762	8	21	0	145.26	1704	0.95	1	1.1	1

测算成果	洪水历时系数	洪峰历时系数	洪水历时/h	洪峰出现时间			洪峰水位/m	洪峰流量/(m³/s)	洪水总量/万 m³	备　注
				日	时	分				
	4.7872	0.272	38.3	9	7	25	147.79	4511	19338	上游四大水库不拦截洪水。参照实测洪水推算，考虑 8 日洪水退水影响，最后计算洪峰流量为 4511－1704＋930＋151＝3888（m³/s），洪峰水位 147.36m

2）实际洪水的推算。从表 6.2.23 知道 8 日洪水从 7 日 3 时开始起涨，洪水历时为 105.5h，根据 8 日实测的洪峰流量调整，扣除水库排洪对 8 日洪峰的影响［洪峰流量为 3120－1800＝1320（m³/s）］，计算出 9 日 6 时 46 分洪峰时上次洪水退水的流量为 940m³/s，计算成果见表 6.2.26。水库排洪到达桂林水文站传播时间：小溶江水库 6h，青狮潭、斧子口、川江水库 7h；桂林水文站从排洪流量至 0 的退水时间为 9.76h。由于水库停止排洪退水的影响，在计算洪水时必须考虑上游水库停止排洪的影响。由表 6.2.22 得知，8 日 11 时斧子口、小溶江、川江水库下闸停止排洪，根据排洪传播时间和退水时间计算到 9 日 6 时 46 分桂林水文站断面流量为 0；青狮潭水库 8 日 18 时 30 分停止排洪，到 9 日 6 时 46 分桂林水文站断面流量为 500－（500÷9.76×5.27）＝230（m³/s）。根据上述情况，最后计算 9 日 6 时 46 分洪峰流量为 1757＋940＋230＝2927（m³/s），洪峰水位为 146.58m。

表 6.2.26　7 月 9 日 6 时 46 分退水时刻水位计算表

洪水参数	
起涨流量/(m³/s)	84.5
洪峰流量/(m³/s)	1320

续表

洪 水 参 数	
结束流量/(m³/s)	84.5
洪水历时/h	105.5
涨水历时/h	27.92
退水历时/h	77.58
洪水时刻流量查算	
时间/h	流量/(m³/s)
51.77 (9日6时46分)	940.18

2. 结论和体会

(1) 结论。8日和9日的两次洪水具有紧密关联性，将这两场洪水放在一起分析计算，主要介绍的是9日复峰的计算方法。为避免计算误差，这里将上游水库工程分三种组合运行进行分析计算并与测算洪水做对比误差分析，可以清楚地发现水库合理的洪水调度对流域洪水的调控作用，具体测算成果及误差见表6.2.27和表6.2.28。

表6.2.27　　7月8日不同工况洪水成果及误差分析表

不同工况和实测洪水	测算洪峰		与测算成果洪峰的误差		备　注
	水位/m	流量/(m³/s)	水位/m	流量/(m³/s)	
青狮潭、川江、斧子口、小溶江水库全部拦截本次洪水	144.85	1288	−1.88	−1797	见表6.2.6
青狮潭、川江、斧子口、小溶江水库全部不拦截本次洪水	145.09	1568	−1.64	−1517	见表6.2.7
青狮潭、斧子口、小溶江水库不拦截这次洪水且人工控制排洪，川江全部拦截本次洪水	146.73	3085			本次洪水测算成果
实测洪水	146.76	3120	+0.03	+35	

表6.2.28　　　7月9日不同工况洪水成果及误差分析表

不同工程状况和实测洪水	测算洪峰		与测算成果洪峰的误差		备　注
	水位/m	流量/(m³/s)	水位/m	流量/(m³/s)	
青狮潭、川江、斧子口、小溶江全部拦截本次洪水	146.58	2927			本次洪水测算成果
青狮潭、川江、斧子口、小溶江全部不拦截本次洪水	147.36	3888	+0.78	+961	见表6.2.25
实测洪水	146.39	2740	-0.19	-187	

为消除计算上的误差，本次误差分析以测算洪水成果为标准计算。

从表6.2.27误差分析结果可以看出，上游水库拦蓄洪水对8日洪水的调节作用，水库持续排洪抬高了洪峰水位1.64m，增大洪峰流量1517m³/s。测算洪水与实测洪水对比，洪峰流量误差为-1.12%，水位误差为-3cm，符合洪水预报误差规范要求。

从表6.2.28误差分析结果可以看出，上游水库对9日洪水的调节作用，就本时段而言，上游水库人工控制排蓄洪水，降低了洪峰水位0.78m，洪峰流量减少961m³/s；但结合8日洪水综合分析，上游水库调度还是增加了9日的洪峰流量1517-961=556（m³/s），抬高洪峰水位0.86m（1.64m-0.78m=0.86m）。测算洪水与实测洪水对比，洪峰流量误差为6.82%，水位误差为19cm，符合洪水预报误差规范要求。

（2）体会。基于形成本次洪水的降雨过程和上游灵川、大溶江、灵渠水文站实时观测成果及本次洪水测算成果，在下游桂林水文站洪水来临之前或在洪水形成过程中可以做如下工作。

1）本次连续的两个洪峰（称为两次洪水），是由7日2时至8日1时和8日18时至9日2时两个相对集中降雨过程引起的，前一个阶段的降雨主要集中在青狮潭库区下游和司门、严关以下区域（不含小溶江库区）；后一个阶段的降雨特点和前一次基本相同，但青狮潭降雨是整个库区，桂林市城区的降雨主要集中在桃花江流域和城区北部。基于以上特点，可以根据区域降雨特点，通过水库调度调蓄洪水来控制下游洪水位，让水库和河道在相对安全的水位下行洪。

2）假设上游没有四大水库即还原天然河道的情况下推算一下这两次洪水，可以看出水库调节对洪水影响的程度。测算 8 日洪水洪峰水位为 145.09m，流量为 1568m³/s（表 6.2.7），通过退水曲线推算 8 日 21 时起涨水位为 144.57m（表 6.2.29），9 日 7 时 25 分的水位 144.17m（表 6.2.30），在此基础上推算 9 日洪水洪峰水位为 147.19m，流量为 3659m³/s（表 6.2.31）。

表 6.2.29　　　　　　　　退水时刻水位计算表

洪 水 参 数	
起涨水位/m	141.95
洪峰水位/m	145.09
结束水位/m	141.95
洪水历时/h	110.11
涨水历时/h	28.45
退水历时/h	81.66
洪水时刻水位流量查算	

时间/h	水位/m	流量/(m³/s)
42.00(8 日 21 时)	144.57	1080

表 6.2.30　　　　　　　　退水时刻水位计算表

洪 水 参 数	
起涨水位/m	141.95
洪峰水位/m	145.09
结束水位/m	141.95
洪水历时/h	110.11
涨水历时/h	28.45
退水历时/h	81.66
洪水时刻水位流量查算	

时间/h	水位/m	流量/(m³/s)
52.42(9 日 7 时 25 分)	144.17	852

表 6.2.31　　　　7 月 9 日桂林水文站洪水测算表（改进）

参数	降雨历时/h	降雨量/mm	集水面积/km²	洪水起涨时间			起涨时水位/m	起涨时流量/(m³/s)	径流系数	洪水概化系数	洪水历时调整系数	洪峰历时调整系数
				日	时	分						
	8	73.7	2762	8	21	0	144.57	1082	0.95	1	1.1	1
测算成果	洪水历时系数	洪峰历时系数	洪水历时/h	洪峰出现时间			洪峰水位/m	洪峰流量/(m³/s)	洪水总量/万 m³	备　注		
				日	时	分						
	4.7872	0.272	38.3	9	7	25	147.36	3889	19338	考虑 8 日退水影响，本次测算洪峰流量为：3889 − 1082 + 852 = 3659(m³/s)，洪峰水位147.19m，出现时间为 9 日 7 时 25 分		

　　3）降雨预报特别是区域降雨量和降雨历时的预报对洪水量级提前预测特别重要。如果能够相对准确地量化预报这两次过程降雨量和降雨历时，就完全可以提前许多时间预测出这两个洪峰的规模，预见期的提高会为决策和防洪抢险工作预留更多的准备时间。

6.3　实时降雨推算洪水过程线

　　利用实时降雨推算洪水，可以清楚地看到洪水形成的全过程，了解洪水运行规律。

　　气象水文耦合洪水预报法是根据流域时段累计降雨量推算洪水过程，推算的涨水过程和退水过程一目了然，可以掌握洪水过程中每个时刻的水位、流量，把握洪水发展的趋势。下面介绍其工作原理和方法。

6.3.1　基本原理及计算方法步骤

　　根据气象水文耦合洪水测报法计算原理和方法，一定时段的累计降雨会产生一次洪水过程，利用每次洪水的洪峰（纵坐标）和洪峰历时（横坐标）绘制洪水过程，直至一次完整的降雨过程（包含若干次时段降雨）结束，最后将若干次洪水的洪峰流量（纵坐标）按洪峰历时（横坐标）连接绘制成一场完整的洪水过程，具体见图6.3.1。工作方法如下。

图 6.3.1　洪水过程线绘制示意图

（1）降雨量的观测统计。为实时掌握降雨洪水形成的过程，将一次完整的降雨过程分成若干个时段（如1h）观测统计降雨量，从开始降雨依次（以观测时段为单位）累计时间和降雨量，为计算时段降雨洪水做准备，统计表格式见表6.3.1。

表 6.3.1　　　　　　　　　　　　流域时段降雨量统计表

历时/h	1	2	3	4	5	6	7	8	9	10	11	12	13	14	15	16	17	18
累计降雨量/mm	10.0	12.0	23.0	30.0														
历时/h	19	20	21	22	23	24	25	26	27	28	29	30	31	32	33	34	35	36
累计降雨量/mm																		
历时/h	37	38	39	40	41	42	43	44	45	46	47	48	49	50	51	52	53	54
累计降雨量/mm																		
历时/h	55	56	57	58	59	60	61	62	63	64	65	66	67	68	69	70	71	72
累计降雨量/mm																		

（2）时段降雨洪水的计算。根据降雨的时段历时 t、累计降雨量 P 及径流系数 K 可以推算出时段降雨形成的洪峰和洪峰出现时间，具体工作流程见图2.3.1。

1）时段洪水总量 $W_{洪量i}$ 的计算。这里计算的洪水总量不包含河流底水量，是流域降雨量扣除损失后形成的径流量，其计算公式为

$$W_{洪量i} = FP_i K_i / 10 \qquad (6.3.1)$$

式中　$W_{洪量i}$——时段洪水总量，万 m^3；

F——流域集水面积，km^2；

P_i——时段降雨量，mm；

K_i——时段径流系数，$K_i < 1$。

2）时段洪峰流量 $Q_{净峰i}$ 的计算。这里计算的洪峰流量不包含河流底水流量，即由降雨形成洪水的净洪峰流量，其计算公式为

$$Q_{净峰i} = 5.56 W_{洪量i} / T_i$$
$$T_i = at_i \tag{6.3.2}$$

式中　$Q_{净峰i}$——时段洪峰流量，m^3/s；

$W_{洪量i}$——洪水总量，万 m^3；

T_i——时段洪水历时，h；

a——洪水历时系数，通过集水面积-洪水历时系数关系图查算；

t_i——时段降雨历时，h；

5.56——单位转换系数。

3）河流实际洪峰流量、水位计算。2）中计算的洪峰是降雨所形成洪水洪峰，不包含河流底水流量，为了推算出河流的实际洪峰流量，必须考虑河流底水流量。

a. 河流实际流量 $Q_{洪峰i}$ 的计算由起涨水位通过水位-流量关系曲线计算出河流底水流量 $Q_底$，这样就可以计算出河流的实际洪峰流量 $Q_{洪峰i}$，其计算公式为

$$Q_{洪峰i} = Q_{净峰i} + Q_底 \tag{6.3.3}$$

b. 河流实际水位 $H_{洪峰i}$ 的推算。根据计算的洪峰流量 $Q_{洪峰i}$，通过测报断面的水位-流量关系线查算出洪峰水位 $H_{洪峰i}$。

4）洪峰出现时间 $T_{现i}$ 的计算。要推算出洪峰出现的实际时间，我必须知道洪水起涨时的时间 $T_涨$ 和涨水历时（洪峰历时 $T_{峰i}$），两者相加就可计算洪峰出现的时间。

a. 时段洪峰历时 $T_{峰i}$ 的计算。这里计算的是洪水起涨时刻到洪峰出现时刻的时间，即洪峰历时 $T_峰$，其计算公式为

$$T_{峰i} = T_i b \tag{6.3.4}$$

式中　$T_{峰i}$——时段洪峰历时，h；

T_i——时段洪水历时，h；

b——洪峰历时系数，洪峰历时系数通过集水面积-洪峰历时系关系图查算。

b. 时段洪峰出现时间 $T_{现i}$ 的计算实际洪峰出现时间 $T_{现i}$ 等于起涨时间 $T_{涨}$ 加上洪峰历时 $T_{峰i}$，即

$$T_{现i} = T_{涨} + T_{峰i} \tag{6.3.5}$$

5）时段降雨径流系数 K_i 的处理。本方案在计算一次降雨过程形成的洪水时，使用的是一个综合径流系数 K，但每个时段的降雨径流系数是不同的，一般前期小后期大，因此需要将综合径流系数 K 以适当的方式分配到各时段。这里分涨水和退水两个部分处理，具体如下。

a. 涨水部分径流系数 $K_{涨水i}$ 的分配。洪水过程涨水部分时段洪水是由时段累计降雨决定的，因此涨水部分每个时段的径流系数按累计降雨时段（历时）占总降雨时段（总历时）的比例来分配，计算公式如下

$$K_{涨水i} = K t_i / t \tag{6.3.6}$$

式中　$K_{涨水i}$——涨水时段径流系数；

　　　　K——综合径流系数；

　　　　t_i——累计时段降雨历时，h；

　　　　t——总降雨历时，h。

b. 退水部分径流系数 $K_{退水i}$ 的分配洪水过程退水部分时段洪水是由降雨过程结束形成洪峰后无雨退水时段洪水组成的，因此退水部分每个时段的径流系数为退水时段洪水涨水历时和总涨水历时之差与总退水历时的比，洪水过程相关参数见图 6.3.2，计算公式如下

$$K_{退水i} = K - K \Delta T / T_{退水} \tag{6.3.7}$$

式中　$K_{退水i}$——退水时段径流系数；

　　　　K——综合径流系数；

　　　　ΔT——退水时段洪水涨水历时和总涨水历时之差，h；

　　　　$T_{退水}$——总退水历时，h。

6.3.2　计算模型

利用办公软件 Excel，根据 6.3.1 节的计算原理和方法编制洪水测算模型，在集水面积、洪水起涨时间、洪水起涨水位、径流系数、洪水概化系数、洪水历时系数、洪峰历时系数确定的情况下，只要将时段累计降雨量输入相应表格，洪水过程就会实时显示（图 6.3.3），同时可以生成洪水测算成果表（表 6.3.2），可查算洪水过程中每个时间水位、流量值。

图 6.3.2　洪水过程示意图

图 6.3.3　实时降雨洪水过程推算模型

表 6.3.2 洪水测算成果表

参数	降雨历时/h	降雨量/mm	集水面积/km²	洪水起涨时间 日	洪水起涨时间 时	洪水起涨时间 分	起涨时水位/m	起涨时流量/(m³/s)	径流系数	洪水概化系数	洪水历时调整系数	洪峰历时调整系数
	4	30	2762	16	4	0	143.85	696	0.7	1	1.1	1

测算成果	洪水历时系数	洪峰历时系数	洪水历时/h	洪峰出现时间 日	洪峰出现时间 时	洪峰出现时间 分	洪峰水位/m	洪峰流量/(m³/s)	洪水总量/万m³	备注		
	6.703	0.272	26.81	16	11	18	145.49	1899	5800			

图 6.3.3 是一个基本模型，基础数据计算出的涨水过程前部有些偏大，退水过程前部有些偏小，为解决这个问题，可以设置适当的系数来调整，提高推算洪水过程线与实测洪水过程线的吻合度。

※案例：桂林市灌阳水文站实时降雨洪水过程推算

灌阳水文站以上流域面积 954km²，河长 82km，流域内有小型水库 5 座：左江水库（1.60 km²、总库容 42.90 万 m³），画眉井水库（1.10km²、总库容 62.31 万 m³），大坪山水库（0.90km²、总库容 38.14 万 m³），狮子洞水库（4.20km²、总库容 30.71 万 m³），朴竹江水库（3.14km²、总库容 15.92 万 m³）。以上水库溢洪道均为敞开式无闸门泄流，总调洪库容为 38 万 m³，相对整个流域洪水来说，水库的调节作用可以忽略不计。流域内布设有较为完善的自动雨量观测站，其分属于气象、水文、水利部门管辖，雨量观测站的观测数据完全可以满足洪水测报的要求。

根据 2020 年 2 月 13 日 23 时至 2 月 14 日 14 时灌阳水文站以上流域实时降雨过程，按 1h 时段统计累计降雨量并推算该水文站断面洪水过程线，具体推算过程如下。

（1）实时观测收集流域降雨资料。分区收集统计流域内雨量观测站观测的降雨量资料，并按 1h 时段同步逐时累计流域各区域面降雨量，为分析、划分相对集中降雨过程（可形成洪水过程的降雨过程）作准备。本次降雨资料成果见表 6.3.3 和图 6.3.4。

表 6.3.3　2 月 13 日 23 时至 14 日 14 时灌阳水文站以上流域降雨量统计表

单位：mm

降雨区域	累计时段														
	13日23时至14日0时	13日23时至14日1时	13日23时至14日2时	13日23时至14日3时	13日23时至14日4时	13日23时至14日5时	13日23时至14日6时	13日23时至14日7时	13日23时至14日8时	13日23时至14日9时	13日23时至14日10时	13日23时至14日11时	13日23时至14日12时	13日23时至14日13时	13日23时至14日14时
灌阳—新街	5.1	16.6	21.5	36.8	39.9	41.1	42.3	45.3	47.6	47.9	48.4	48.8	49.2	49.7	49.7
黄关—西山	4.5	15.2	23.6	39.8	43.8	46.9	47.5	51.1	53.6	55.6	56.6	56.8	57.3	57.4	57.6
黄关—观音阁	14.2	23.4	29.5	35.1	36.3	40.6	42.5	43.0	43.8	45.7	47.1	47.5	49.1	49.5	49.7
观音阁—大小河江	6.6	11.1	18.7	22.7	24.9	33.0	33.8	36.9	39.1	41.8	43.1	44.2	45.2	45.3	45.3
洞井乡—牛江河	5.1	6.3	13.1	13.5	15.5	25.9	26.0	26.1	26.4	32.4	35.2	39.0	39.0	39.0	39.0
流域面雨量	6.4	14.3	21.2	30.9	33.9	38.9	39.6	42.1	43.9	46.2	47.5	48.5	49.0	49.2	49.3

图 6.3.4　区域降雨累计降雨量趋势图

（2）实时推算洪水过程。根据降雨的特点适当调整降雨径流系数和洪峰历时调整系数，将 1h 时段累计雨量输入编制好的程序（表 6.3.4）里实时计算洪水过程，直至降雨过程结束，可自动推算一场完整的洪水过程，同时生成最后的洪峰成果表。具体成果见表 6.3.5 和图 6.3.5。

表 6.3.4   2月13日23时至14日14时灌阳水文站流域实测过程降雨量

历时/h	1	2	3	4	5	6	7	8	9	10	11	12	13	14	15	16	17	18	曲线调整参数
累计降雨量/mm	6.4	14.3	21.2	30.9	33.9	38.9	39.6	42.1	43.1	46.2	43.9	41.7	44.5	44.7	49.3				涨水参数
历时/h	19	20	21	22	23	24	25	26	27	28	29	30	31	32	33	34	35	36	0.8
累计降雨量/mm																			退水参数
历时/h	37	38	39	40	41	42	43	44	45	46	47	48	49	50	51	52	53	54	0.9
累计降雨量/mm																			径流系数
历时/h	55	56	57	58	59	60	61	62	63	64	65	66	67	68	69	70	71	72	0.4
累计降雨量/mm																			洪峰历时调整系数
注																			0.9

注 1. 累计降雨量为河道洪水计算断面以上流域平均降雨量。

2. 如果中间某时段无雨,其累计降雨量一般按前时段累计降雨量5%递减计算(连续不小于2h降雨量小于2.5mm视为无雨;如果连续时段累计降雨量不小于2.5mm,应在该时段开始逐时段(包括前时段)累加降雨量,最后结束时按实际累计降雨量计算)。

3. 曲线调整系数包括:①涨水参数,主要是解决涨水前半部分偏大的问题,在0.7~1.1之间;②退水参数,主要是解决退水前半部分偏小的问题,在0~1之间;③径流系数,在0.1~0.95之间;④洪峰历时调整系数,主要是解决洪峰出现时间的问题,根据降雨的时空分布和降雨过程的特点来确定,在0.7~1.3之间。

图 6.3.5   2月14日灌阳水文站水位、流量过程线图

表6.3.5　　　　　　　2月14日灌阳水文站洪峰测算成果表

参数	降雨历时/h	降雨量/mm	集水面积/km²	洪水起涨时间			起涨时水位/m	起涨时流量/(m³/s)	径流系数	洪水概化系数	洪水历时调整系数	洪峰历时调整系数
				日	时	分						
	15	49.3	954	14	0	0	245.38	35.7	0.4	1.1	1.1	0.9
测算成果	洪水历时系数	洪峰历时系数	洪水历时/h	洪峰出现时间			洪峰水位/m	洪峰流量/(m³/s)	洪水总量/万m³	备注		
				日	时	分						
	4.3846	0.2367	65.77	14	15	34	246.04	211	1881			

（3）推算洪水成果与实测洪水的比较。根据图6.3.5推算的洪水过程计算出与实测洪水过程时间相对应的水位、流量值（成果见表6.3.6），并绘制水位、流量过程线对比图（图6.3.6、图6.3.7），以便分析测算成果和实测资料的吻合度。

表6.3.6中的实测、测算洪水过程误差分析结果显示，本次共测得成果47个点，水位误差为-7~10cm、流量误差为-15.9%~25.8%；流量值合格点为45个，合格率为95.7%。根据GB/T 22482—2008《水文情报预报规范》要求评定，本次洪水过程测算成果为甲级。

从图6.3.6、图6.3.7的水位、流量过程线实测值与测算值的对比可以看出，实测和测算的洪水过程的趋势基本一致，特别是洪峰和退水尾部吻合度比较高，在涨水的前段测算的值比实测的值偏大，在退水的前段测算的值比实测的值偏小。结合表6.3.3和图6.3.4降雨过程资料分析，测算的洪水过程的时段洪水涨幅与时段降雨强度是一致的，基本反映了降雨和洪水的关系，说明测算的洪水过程是合理的。因受流域下垫面（包括观测断面）和降雨时空分布的复杂、多变不稳定性的影响，实测的洪水过程千变万化，但不管怎样，一场洪水的洪峰是最关键的，也是测算每场洪水时最需要关注的成果。

本次洪水因降雨过程中出现连续时段无有效降雨导致复峰出现，即一场洪水中有两个洪峰，洪水洪峰测算和实测的成果如下。

1）洪峰1测算流量200m³/s（水位246.01m），出现时间在14日10时23分；实测流量211m³/s（水位246.04m），出现时间在14日10时。

2）洪峰2测算流量211m³/s（水位246.04m），出现时间在14日15时34分；实测流量218m³/s（水位246.06m），出现时间在14日16时。

表6.3.6

实测、测算洪水成果及误差分析表

时　间	14日0时	14日1时	14日2时	14日3时	14日4时	14日5时	14日6时	14日7时	14日8时	14日9时	14日10时	14日10时23分
实测水位/m	245.38	245.44	245.45	245.52	245.58	245.67	245.76	245.84	245.95	246.02	246.04	246.02
测算水位/m	245.38	245.44	245.51	245.58	245.68	245.73	245.82	245.86	245.93	245.97	246.00	246.01
水位误差/cm	0	0	6	6	10	6	6	2	-2	-5	-4	-1
实测流量/(m³/s)	35.7	47.4	49.4	64.4	78.4	101	126	149	182	205	211	205
测算流量/(m³/s)	35.7	46.6	61.8	77.3	98.6	113	138	150	175	188	196	200
流量误差/%	0.0	-1.7	25.2	20.0	25.8	12.3	9.4	0.6	-3.6	-8.4	-7.1	-2.4

时　间	14日11时	14日12时	14日13时	14日14时	14日15时	14日15时34分	14日16时	14日17时	14日18时	14日19时	14日20时	14日21时
实测水位/m	246.01	245.99	245.99	246.02	246.05	246.06	246.06	246.05	246.03	246.01	245.98	245.96
测算水位/m	245.98	245.97	245.98	245.99	246.01	246.04	246.04	246.02	245.99	245.95	245.92	245.89
水位误差/cm	-3	-2	-1	-3	-4	-2	-2	-3	-4	-6	-6	-7
实测流量/(m³/s)	201	194	194	205	215	218	218	215	208	200	192	186
测算流量/(m³/s)	190	187	189	194	202	211	211	206	192	181	171	162
流量误差/%	-5.7	-3.6	-2.4	-5.4	-6.2	-3.2	-3.2	-4.3	-7.6	-9.3	-10.9	-13.1

续表

时间	14日22时	14日23时	14日24时	15日1时	15日2时	15日3时	15日4时	15日5时	15日6时	15日7时	15日8时	15日9时
实测水位/m	245.94	245.91	245.89	245.85	245.82	245.79	245.77	245.74	245.71	245.68	245.66	245.64
测算水位/m	245.88	245.85	245.82	245.80	245.78	245.76	245.74	245.72	245.70	245.68	245.67	245.65
水位误差/cm	-6	-6	-7	-5	-4	-3	-3	-2	-1	0	1	1
实测流量/(m³/s)	179	170	164	152	143	134	129	120	112	104	98.6	93.4
测算流量/(m³/s)	153	146	138	132	126	121	115	110	106	102	97.7	94.6
流量误差/%	-14.4	-14.3	-15.9	-12.8	-12.1	-9.8	-10.8	-8.1	-5.0	-2.3	-0.9	1.3

时间	15日10时	15日11时	15日12时	15日13时	15日14时	15日15时	15日16时	15日17时	15日18时	15日19时	15日20时
实测水位/m	245.63	245.62	245.61	245.60	245.59	245.58	245.57	245.56	245.55	245.54	245.53
测算水位/m	245.64	245.63	245.61	245.60	245.59	245.57	245.56	245.55	245.54	245.53	245.52
水位误差/cm	1	1	0	0	0	-1	-1	-1	-1	-1	-1
实测流量/(m³/s)	90.8	88.2	85.6	83.0	80.7	78.4	76.0	73.7	71.4	69.1	66.8
测算流量/(m³/s)	91.0	87.8	84.9	82.0	79.2	76.3	73.9	70.0	66.1	64.1	62.2
流量误差/%	0.2	-0.4	-0.8	-1.1	-1.9	-2.7	-2.7	-5.1	-7.5	-7.2	-6.9

注　1. 水位误差＝测算水位－实测水位。
　　2. 流量误差＝(测算流量－实测流量)/实测流量。

图 6.3.6 实测、测算洪水水位过程线图

图 6.3.7 实测、测算洪水流量过程线图

6.4 河道洪水最大涨幅估算

　　一些临时河道断面没有固定的水文观测断面和基础资料，如河道断面资料、断面水位-流量关系数据等，在这样的情况下，上游降雨过程形成洪水规模的估算就显得十分重要，如能估算出现行水位下的洪水最大涨幅（ΔH），可以有效地规避洪水的危害。解决这一问题的方法就是利用河道断面平均宽度、河床比降和水流流速系数，结合气象水文耦合洪水测报法计算（估算）出河道洪水的涨幅（洪峰水位与起涨时水位之差），这些数据比较容

易获取，河道平均宽度可以实测或者在地图上量测，河床比降可以查取或者现场通过水面量测获取，流速系数为 0.3～0.7。其计算公式如下

$$\Delta H = \Delta Q / [B\alpha(19.62J)^{1/2}] \tag{6.4.1}$$

式中　　ΔH——洪水最大涨幅，m；

$\qquad\ \ \Delta Q$——降雨形成的洪水净洪峰流量，m^3/s；

$\qquad\ \ B$——河道断面平均宽度，m；

$\qquad\ \ \alpha$——流速系数，0.3～0.7；

$\qquad\ \ J$——河床比降，‰。

6.4.1　计算模型的编制

利用 Excel，根据气象水文耦合洪水测报法和上述计算公式，编制洪水涨幅计算模型，具体见图 6.4.1。

	A	B	C	D	E	F	G	H	I	J	K	L	M	N
1	洪水涨幅估算表													
2	参数	降雨历时/h	降雨量/mm	集水面积/km²	洪水起涨时间			河道平均宽度/m	河床比降/‰	水流速系数	径流系数	洪水概化系数	洪水历时调整系数	洪峰历时调整系数
3					日	时	分							
4		12	120	2288	9	9	0	320	0.9	0.5	0.9	1	1	0.8
6	测算成果	洪峰历时系数	洪峰历时系数	洪水历时/h	洪峰出现时间			洪水最大涨幅/m	洪峰流量/(m³/s)	洪水总量/万m³	备注			
7					日	时	分							
8		4.266	0.2152	51.19	9	20	1	3.99	2684	24710				
	说明：													

图 6.4.1　河道洪水最大涨幅计算模型

6.4.2　计算模型的使用说明

（1）本计算模型适用于集水面积 3000km² 以下的流域洪水涨幅估算，流域内应有布局合理的降雨观测设施，但估算河道断面无水位、流速、流量观测项目（有这些观测项目亦可）。

（2）模型中的变量参数有降雨历时、降雨量、集水面积、洪水起涨时间、河道平均宽度、河床比降、流速系数、径流系数、洪水概化系数、洪水历时调整系数、洪峰历时调整系数。

（3）有关参数的解释如下。

1）降雨历时是指一次完整的降雨过程的总时间。

2）河道平均宽度是指估算河道断面多年平均水位下的河面宽度，一般取河底到河岸中间高程的河面宽度。

3）河床比降是指估算断面以上河道的平均坡降，一般可取估算断面以上10km河道平均坡降进行计算。

4）流速系数是指河道断面水流平均流速的转换系数，其与河道断面的糙率有关，一般在0.3~0.7之间。

5）径流系数即产流系数是指一次降雨过程总雨量所产生的径流量的转换系数，可根据流域植被和土壤水量饱和程度来确定，一般汛期在0.55~0.95之间，非汛期在0.1~0.55之间。

6）洪水概化系数是指洪水过程在概化三角形时的一个调整参数，即实际洪水过程洪量和概化三角形后计算洪量的差值的调整参数，一般在0.65~1.4之间。

7）洪水历时调整系数是根据实际流域情况在集水面积-洪水历时系数查算图中查算出的系数值的一个调整参数，使之与实际洪水历时吻合。

8）洪峰历时调整系数是根据流域降雨时空分布和降雨过程实际情况在集水面积-洪峰历时系数查算图查算出的系数值的一个调整参数，使之与实际洪峰历时吻合。

9）洪水历时系数是指相同集水面积下的洪水历时与降雨历时之比，即洪水历时/降雨历时，历时的单位为h。

10）洪峰历时系数是指相同集水面积下的洪峰历时与洪水历时之比，即洪峰历时/洪水历时，历时的单位为h。

11）洪水历时是指一次降雨过程形成的洪水过程所历经的时间，即起涨水位到洪峰又回落到起涨水位值所历经的时间。

12）洪峰历时是指起涨水位到洪峰出现所历经的时间。

（4）由于形成洪水的过程受流域面积、河长、河床比降、植被以及水工建筑物和降雨时空分布、移动的影响较大，模型中通过集水面积查算的洪水历时系数和洪峰历时系数是一个综合数值，为了让这两个系数与测算流域情况相符，可通过洪水历时调整系数和洪峰历时调整系数来修正。

（5）由于流域内跨流域引水工程和水库工程的调蓄对洪水测算的影响比较大，因此必须调查了解并掌握这些涉水工程在洪水测报期的运行情况，以便在测算时将集水面积作适当调整，其可通过集水面积栏来调整，做法是扣除一些对下游洪水不起作用的集水面积,只要输入实际产流面积即可。

（6）关于三个测算成果的解释如下。

1）洪水总量是指降雨所产流形成的洪水量,不含河床底水。

2）洪峰流量是指降雨过程形成洪水最高水位时的流量,不含河床底水流量。

3）洪水最大涨幅是指起涨水位到洪峰水位的水位差。

※案例：桂林市资源县水文站洪水涨幅估算

资源县水文站集水面积 469km²,河床比降 1.1‰,河道观测断面平均宽度 100m,断面河床基本渠化无杂物,观测断面以上流域内无调节性的蓄水工程。2019 年 6 月 9 日 1—7 时资源水文站上游普降暴雨,降雨时空分布不均,降雨过程前期雨量特别大,流域面雨量 106.2mm,降雨历时 6h,水文站观测断面洪水位起涨时间为 9 日 3 时。根据上述资料估算资源县水文站断面的洪水最大涨幅及洪峰出现时间。

由于资源县水文站以上流域内无调节性的蓄水工程,其洪水皆因降雨而形成,这里直接利用图 6.4.1 的计算模型,输入有关参数即可计算结果,计算成果见表 6.4.1。

表 6.4.1 　　2019 年 6 月 9 日资源水文站洪水涨幅估算表

参数	降雨历时/h	降雨量/mm	集水面积/km²	洪水起涨时间			河床平均宽度/m	河床比降/‰	流速系数	径流系数	洪水概化系数	洪水历时调整系数	洪峰历时调整系数
				日	时	分							
	6	106.2	469	9	3	0	100	1.1	0.7	0.95	1.2	0.9	0.7

参数	洪水历时系数	洪峰历时系数	洪水历时/h	洪峰出现时间			洪水最大涨幅/m	洪峰流量/(m³/s)	洪水总量/万 m³	备注
				日	时	分				
测算成果	3.4029	0.1813	28.58	9	8	11	3.4	1105	4732	2019 年 6 月 9 日 1—7 时降水资源水文站洪水预测。降雨时空分布不均,过程前期雨量大。实测洪峰：6 月 9 日 7 时,涨幅 376.33－373.06＝3.27(m)

洪水估算值和实测值比较：估算 6 月 9 日的洪水最大涨幅为 3.40m,洪

峰出现时间在6月9日8时11分；实测9日3时起涨水位373.06m，洪峰水位376.33m，洪水最大涨幅376.33－373.06＝3.27（m），洪峰出现时间在6月9日7时。

6.5 水库洪水调度测算

水库调度中最难、最复杂的是洪水调度，主要是由其调度功能决定的，在考虑上下游及大坝行洪安全的前提下，要确保洪水资源的最大化利用。汛期尽管预留了防洪库容［汛限水位—防洪高水位（设计洪水位）之间的库容］，有时一次暴雨过程就能消耗掉水库预留的防洪库容，原因是无法精确地推算出暴雨形成的洪水量级（包括洪水过程），无法确实在洪水过程中放多大的流量能在保证蓄水工程安全的前提下，确保下游安全行洪。要解决这一问题，必须精确地测算出一次降雨过程（包括预报的降雨过程）形成的洪水量级（包括洪水过程）。利用气象水文耦合洪水测报法，结合水库工程运行的特点，编制了一个洪水调度模型，通过库区流域降雨历时、降雨量、来水量的测算和出库流量的调节，可以有效地推算出水库的库水位，同时可以测算出降雨产流洪水总量及入库洪峰流量的量级和出现的时间，做到心中有数，从容应对，避免盲目进行洪水调度。测算模型见图6.5.1。

					水库洪水调度预测成果表										
参数	降雨历时/h	降雨量/mm	集水面积/km²	库水位起涨时间			起涨时水位/m	起涨时库容/万m³	前期入库流量/(m³/s)	出库流量/(m³/s)	径流系数	洪水概化系数	洪水历时调整系数	洪峰历时调整系数
				日	时	分								
	15	96	1441	1	20	0	236.82	3453	335	824	0.9	0.9	1.1	0.8
测算成果	洪水历时系数	洪峰历时系数	洪水历时/h	入库洪峰出现时间			库最高水位/m	最大库容/万m³	入库洪峰流量/(m³/s)	产流洪水总量/万m³	备注				
				日	时	分									
	4.555	0.213	68.33	2	10	33	238.44	3874	1247	12450	2017年7月1日20时至2日11时水车水库降雨洪水调度预测。下游雨量比上游大，实际观测计算入库最大流量为1288m³/s，时间在2日8-9时				

说明：

图6.5.1　水库洪水调度测算模型

洪水调度计算模型使用说明如下。

（1）本测算模型适用于集水面积 3000km² 以下流域的水库（溢洪道有闸门调控）洪水调度运用，要求流域内必须有布局规范合理的降雨观测设施且实时观测、水库库区坝上必须有实时水位、流量观测项目。

（2）模型中的变量参数有降雨历时、降雨量、集水面积、库水位起涨时间、起涨时水位、前期入库流量、出库流量、径流系数、洪水概化系数、洪水历时调整系数、洪峰历时调整系数。

（3）有关参数的解释如下。

1）降雨历时是指一次完整的降雨过程的总时间。

2）前期入库流量是入库洪水的起涨时的流量，其可以通过水库的蓄水变量和出库流量计算出的每个时段入库流量查取。

3）径流系数即产流系数，是指一次降雨过程总雨量所产生的径流量的转换系数，可根据流域植被和土壤水量饱和程度来确定，一般汛期在 0.55～0.95 之间，非汛期在 0.1～0.55 之间。

4）洪水概化系数是指洪水过程在概化三角形时的一个调整参数，即实际洪水过程洪量和概化三角形后计算洪量差值的调整参数，一般集水面积大于 200km² 的在 0.65～1.4 之间，集水面积小于 200km² 的大于 1.4。

5）洪水历时调整系数是根据实际流域情况在集水面积-洪水历时系数查算图查算出的系数值的一个调整参数，使之与实际洪水历时吻合。

6）洪峰历时调整系数是根据流域降雨时空分布和降雨过程实际情况在集水面积-洪峰历时系数查算图查算出的系数值的一个调整参数，使之与实际洪峰历时吻合。

7）洪水历时系数是指相同集水面积下的洪水历时与降雨历时之比，洪水历时/降雨历时，历时的单位为 h。

8）洪峰历时系数是指相同集水面积下的洪峰历时与洪水历时之比，洪峰历时/洪水历时，历时的单位为 h。

9）洪水历时是指一次降雨过程形成的洪水过程所历经的时间，即起涨水位到洪峰又回落到起涨水位值所历经的时间。

10）洪峰历时是指起涨水位到洪峰出现所历经的时间。

（4）由于形成洪水的过程受流域面积、河长、河床比降、植被以及水工建筑物和降雨时空分布、移动的影响较大，模型中通过集水面积查算的洪水历时系数和洪峰历时系数是一个综合数值，为了让这两个系数与测算流域情况相符，可通过洪水历时调整系数和洪峰历时调整系数来修正。

（5）由于流域内跨流域引水工程和水库工程的调蓄对洪水测算的影响比较大，因此必须调查了解并掌握水库上游这些涉水工程在洪水测报期的运行情况，以便在测算时将集水面积作适当调整，可通过集水面积栏来调整，做法是扣除一些对下游洪水不起作用的集水面积，只要输入实际产流面积即可。

（6）产流洪水总量是指降雨过程产流的径流量，不包括前期入库流量的底水量。

（7）出库流量包括水库所有出口的出水量，即溢洪道、冲沙闸、导流管（洞）、泄洪洞和放水涵管流量的总和，这里指的是降雨洪水历时期间（洪水历时）的平均出库流量。实际操作为：在洪峰来临之前逐步加大放水流量，待洪峰过后逐步减小放水流量，总的原则是洪水历时期间出库的总水量等于出库流量×洪水历时×0.36。

（8）实时更新水位库容关系文件数据。

※案例：桂林市水车水库洪水调度测算

水车水库位于灌阳县水车乡穿岩村，坐落在长江支流湘江的一级支流灌江的中游，水库建于 1969 年 9 月，1986 年 6 月建成并投入运行，坝址以上集水面积 1441km²，总库容 5525 万 m³，调洪库容 1875 万 m³，兴利库容 2620 万 m³，校核洪水位 244.15m，设计洪水位 239.86m，汛限水位 236.50m，溢洪道设置溢洪闸，具有调蓄洪水的功能，是一座以发电为主，结合灌溉、防洪、养鱼等综合利用的中型水库。水库大坝断面以上流域内没有具有调节性的蓄水工程，建有较为完善的雨量观测站，其分属于气象、水文、水利部门管辖，观测数据可以满足洪水测报的要求。

2019 年 6 月 9 日 8—17 时，水库上游流域内普降大到暴雨，流域平均面雨量 88.2mm，降雨历时 9h，降雨过程前期雨量比较大，水库观测计算入库洪水起涨时间为 6 月 9 日 8 时，流量 107m³/s，库水位 233.95m，相应库容 2754 万 m³。

根据上述资料测算出水库入库洪水洪峰流量及洪峰出现的时间,同时通过出库流量的调度,确保库水位最大不超过 234.90m。

　　水库所在流域内无调节性的蓄水工程,流域内降雨全部流入水库并形成洪水,因此测算这次水库洪水时,直接将有关参数输入图 6.5.1 的计算模型,就可推算出入库洪水洪峰流量及洪峰出现的时间,库水位的最高值可以通过不断调试出库流量获得,具体测算成果见表 6.5.1。

表 6.5.1　　　　　　2019 年 6 月 9 日水车水库洪水调度测算表

参数	降雨历时 /h	降雨量 /mm	集水面积 /km²	库水位起涨时间			起涨时水位/m	起涨时库容 /万 m³	前期入库流量 /(m³/s)	出库流量 /(m³/s)	径流系数	洪水概化系数	洪水历时调整系数	洪峰历时调整系数
				日	时	分								
	9	88.2	1441	9	8	0	233.95	2754	107	568	0.55	1.1	1.1	0.8

参数	洪水历时系数	洪峰历时系数	洪水历时 /h	入库洪峰出现时间			库最高水位/m	最大库容 /万 m³	入库洪峰流量 /(m³/s)	产流洪水总量 /万 m³	备　注		
				日	时	分							
测算成果	4.555	0.213	41	9	16	44	234.81	2940	1150	6990	2019 年 6 月 9 日 8—17 时水车水库降雨洪水调度预测。本次降水时空不均,降雨过程前期雨量比较大。实测计算入库最大流量为 1070m³/s,时间在 9 日 16 时至 16 时 30 分		

　　测算结果和实测值比较:测算入库洪水洪峰流量为 1150 m³/s,出现时间在 6 月 9 日 16 时 43 分,通过 568m³/s 出库流量调节,最大库水位为 234.81m;实测入库洪水洪峰流量为 1070m³/s,出现时间在 6 月 9 日 16 时至 16 时 30 分,6 月 9 日 8 时至 11 日 1 时(共 41h)的平均出库流量 701m³/s,最高库水位 234.80m。

　　水车水库水位、入库流量过程线见图 6.5.2。

　　2019 年 6 月水车水库洪水观测资料见表 6.5.2。

图 6.5.2　2019 年 6 月 7—12 日水车水库水位、入库流量过程线

表 6.5.2　　　　2019 年 6 月水车水库洪水观测资料

时间				水位 /m	蓄水量 /万 m³	出库流量 /(m³/s)	入库流量 /(m³/s)
月	日	时	分				
6	7	9	0	234.11	2789	206	174
		10	10	234.07	2780	185	167
		12	30	234.05	2776	152	132
		13	30	234.04	2774	124	157
		16	0	234.15	2797	140	153
		20	0	234.14	2795	170	160
	8	6	30	234.05	2776	160	123
		8	0	233.96	2756	160	142
		11	30	234.05	2776	92.2	111
		16	0	234.19	2806	92.2	102
		17	10	234.20	2808	110	134
		19	4	234.23	2814	140	111
		19	30	234.20	2808	160	223

续表

时间				水位 /m	蓄水量 /万 m³	出库流量 /(m³/s)	入库流量 /(m³/s)
月	日	时	分				
6	8	20	0	234.14	2795	430	118
		20	30	234.00	2765	140	137
	9	0	0	233.98	2761	140	118
		2	0	233.96	2756	110	109
		8	0	233.95	2754	110	107
		9	0	233.95	2754	104	122
		9	30	233.95	2754	140	140
		10	0	233.92	2748	206	183
		10	30	233.88	2739	260	202
		11	0	233.81	2724	310	309
		12	9	233.75	2711	370	325
		13	0	233.64	2688	430	518
		13	34	233.70	2701	480	552
		14	0	233.74	2709	520	622
		14	30	233.80	2722	580	632
		15	0	233.82	2726	640	770
		15	30	233.90	2744	700	969
		16	0	234.10	2787	760	1070
		16	30	234.33	2836	826	986
		18	0	234.65	2905	890	974
		19	0	234.76	2928	930	955
		20	0	234.80	2937	930	892
	10	0	0	234.75	2926	870	649
		2	30	234.20	2808	690	421
		3	0	234.00	2765	630	569
		4	0	233.95	2754	570	600
		5	0	233.95	2754	630	608

续表

时间				水位 /m	蓄水量 /万 m³	出库流量 /(m³/s)	入库流量 /(m³/s)
月	日	时	分				
6	10	7	40	233.85	2733	630	600
		8	0	233.85	2733	570	426
		8	40	233.60	2679	730	747
		9	20	233.62	2683	730	752
		10	30	233.82	2726	570	769
		11	10	234.07	2780	520	749
		12	0	234.24	2817	730	836
		13	0	234.42	2855	730	831
		15	0	234.52	2877	870	845
		16	0	234.48	2868	870	864
		19	0	234.45	2862	870	928
		20	0	234.55	2883	870	861
		23	0	234.63	2900	820	711
	11	0	0	234.52	2877	729	617
		6	0	234.20	2808	569	561
		8	0	234.17	2802	569	467
		9	0	234.05	2776	509	408
		10	30	233.91	2746	419	385
		14	0	233.86	2735	369	372
		16	0	233.87	2737	369	371
		20	30	233.66	2692	429	233
		22	5	233.29	2612	319	

注　入库流量为标记时间到下一个观测时间段的平均入库流量。

※模型扩展应用：城市暴雨内涝淹没（排涝）洪水计算

暴雨引起城市低洼处内涝积水，相当于一个小型的水库蓄水，对积水起调节作用的是雨水（包括污水）管网的排水能力（对应水库的出库流量），因此可以利用水库洪水调度计算模型来推算出不同降雨量不同历时暴雨形成的积水高程，通过地面高程点推算出淹没的范围（区域）。当然也可根据设计的要求（相应的暴雨限定的淹没高程）来推算出本区域排水（排涝）能力（排水流量）。要完成以上工作任务，必须完成如下基础工作。

（1）内涝区域集水面积的测算。

（2）内涝区域必须设置满足测报要求的降雨观测站，要求每小时能记录一次雨量。

（3）测绘内涝积水区域地面高程，并完成水位—库容关系曲线的绘制。

（4）掌握内涝积水区域的排水能力，即排水流量，如果确实没有这些资料，可以通过实测的降雨和积水淹没的数据推算出本区域的排水能力（排水流量）。

根据上述资料数据，可以通过模型计算出每次降雨过程的淹没高程，同时推算出各时段降雨积水点淹没高程查算表（表 6.5.3），根据查算表数据用不同颜色标绘积水区域淹没图。

表 6.5.3　　　　　　各时段降雨积水点淹没高程查算表　　　　　　单位：m

降雨量/mm	历时/h						
	1	2	3	4	…	24	25
10							
20							
30							
40							
50							
60							
…							

6.6 设计暴雨洪水推算

利用设计暴雨推求洪水是涉水工程设计和暴雨洪水分析中经常用到的方法，特别是无洪水观测资料的流域洪水推求，在洪水预报中（请参看 6.1～6.4）更是离不开暴雨洪水的推算。本节介绍的是无洪水观测资料流域的洪水推求，包括设计洪峰和洪水过程的推算。

6.6.1 利用 24h 设计暴雨推求洪水洪峰

无洪水资料（系列洪水资料）流域的设计洪水一般是通过流域 24h 暴雨资料来推求，目前应用的方法主要是推理公式和单位线法，由于其涉及的参数比较多，前期需要做大量的雨洪关系的分析计算才能确定相应的计算参数，在实际应用中比较麻烦，同时参数的选取范围变化比较大，导致计算成果与实际洪水误差比较大。下面就气象水文耦合洪水测报法（图 4.0.1 洪水测算模型）利用 24h 暴雨推求洪水作简单介绍。

1. 工作方法及原理

气象水文耦合洪水测报法可以利用任何时段（一场完整的降雨过程）的降雨量推算不同集水面积流域的洪水，在实际洪水测算中必须考虑测算断面的底水流量，而在利用设计 24h 暴雨推求洪水的过程中，测算断面的底水是无法确定的，并且相应频率 24h 暴雨不一定发生相应频率的洪水，因此在实际计算中，必须在不考虑底水的情况下，用相应频率 24h 暴雨推求相应频率的洪水。解决方法是将某一区域相应频率 24h 暴雨和相应频率的洪水（暴雨和洪水频率相同）对应起来，并率定好气象水文耦合洪水测报法中的洪水概化系数、洪水历时调整系数及洪峰历时调整系数，最后利用图 4.0.1 洪水测算模型推算不同频率 24h 暴雨的洪水。

2. 工作流程

工作流程见图 6.6.1，下面介绍具体工作内容。

（1）暴雨、洪水资料的收集。暴雨和洪水系列各自有不同频率（或者重现期）资料，这里只要挑选与设计目标同一频率（如 1%）的暴雨和洪峰资料就可以了。下面以水文图集暴雨、洪水资料查算为例推算洪水。

1）暴雨资料查算。

图 6.6.1 工作流程图

a. 首先根据多年平均最大 24h 雨量等值线图确定测算洪水断面以上流域范围，通过等值线查算出流域内多年平均最大 24h 雨量值 $P_{\mathbb{P}}$；在最大 24h 雨量变差系数 C_v 等值线图上查算 C_v 值，偏态系数 $C_s = \alpha C_v$。

b. 根据水文图集的多年平均最大 24h 雨量皮尔逊Ⅲ型曲线，计算设计目标频率（如 1% 或者 100 年一遇）的最大 24h 雨量：在皮尔逊Ⅲ型曲线模比系数 K_p 值表中查得同一频率（如 1% 或者 100 年一遇）C_v、C_s 下的 K_p，然后计算相应频率的最大 24h 雨量 $P = K_p P_{\psi}$。

2）洪水资料查算。需要的洪水资料是洪峰，在和暴雨同频率（如 1% 或者 100 年一遇）的洪峰模数等值线图中查算，在图上确定测算洪水的断面，通过等值线计算出测算断面的洪峰模数 C，然后根据流域集水面积 F 将洪峰模数转化成洪峰数值 $Q = CF^{b/a}$。

（2）模型中三个系数的率定。模型中关键的三个参数是洪水概化系数、洪水历时调整系数及洪峰历时调整系数，在表 6.6.1 中，将收集的暴雨数据输入模型，通过调整上述三个系数（一般洪水历时调整系数及洪峰历时调整系数取 1，径流系数取 0.95，只要调整洪水概化系数即可；模型其他项数据是相对固定的），当计算出的洪峰结果与收集的洪峰数据一致时，三个系数就确定了。

（3）洪水计算模型的建立。将前面率定好的三个系数和集水面积固定在模型中，洪水起涨时间、起涨时流量设为 0，起涨时水位不填数据，将降雨历时、降雨量和径流系数作为变动的输入项，这样，测算断面暴雨洪水计算模型就建立好了，见表 6.6.2。

表 6.6.1　　　　　设计暴雨洪水测算模型参数率定

参数	降雨历时/h	降雨量/mm	集水面积/km²	洪水起涨时间 日	时	分	起涨时水位/m	起涨时流量/(m³/s)	径流系数	洪水概化系数	洪水历时调整系数	洪峰历时调整系数
	24	236.2	450	0	0	0			0.95	2.62	1	1
测算成果	洪水历时系数	洪峰历时系数	洪水历时/h	洪峰出现时间 日	时	分	洪峰水位/m	洪峰流量/(m³/s)	洪水总量/万 m³	备注		
	3.77	0.259	90.48	0	23	26		1626	10098			

表 6.6.2　　　　　设计暴雨洪水计算模型

参数	降雨历时/h	降雨量/mm	集水面积/km²	洪水起涨时间 日	时	分	起涨时水位/m	起涨时流量/(m³/s)	径流系数	洪水概化系数	洪水历时调整系数	洪峰历时调整系数
			450	0	0	0				2.62	1	1
测算成果	洪水历时系数	洪峰历时系数	洪水历时/h	洪峰出现时间 日	时	分	洪峰水位/m	洪峰流量/(m³/s)	洪水总量/万 m³	备注		
	5.278	0.259	0	0	0	0		♯DIV/0!	0			

（4）设计暴雨洪水的推算。根据现行观测的多年某一时段（如 24h）暴雨资料分析计算出某一设计频率（与模型的同步，如 1% 或者 100 年一遇）的雨量，只要将设计频率的暴雨数值、降雨历时和径流系数输入率定好的计算模型中，相应设计频率的洪峰就自动计算出来了。

※案例：桂林市全州县大木岭水电站设计洪水推算

大木岭水电站位于广西桂林全州县宜湘河上游的大木村，电站装机 2520kW，设计水头 12.0m，引水流量 18.3m³/s，共设 5 孔拦河闸（高×宽 ＝7.2m×9.89m），坝址以上集水面积 370km²，河长 41km，河床比降 55‰。

由于该河道无实测洪水资料，用 24h 暴雨资料推算该电站 50 年一遇（2%）设计和 200 年一遇（0.5%）校核洪水。

（1）最大 24h 暴雨、洪水资料的收集。

1）最大 24h 暴雨查算。

a. 在水文图集的多年平均最大 24h 雨量等值线图中查算大木岭水电站流域的多年平均最大 24h 雨量 $P_{平}$＝110.0mm；

b. 在最大 24h 雨量变差系数 C_v 等值线图上查算该位置的 C_v＝0.35，C_s＝3.5C_v；

c. 从皮尔逊Ⅲ型曲线模比系数 K_p 值表中查得 C_v＝0.35、C_s＝3.5C_v、50 年一遇（2％）和 200 年一遇（0.5％）的模比系数 K_p 分别为 1.92、2.29；

d. 通过上述步骤可计算 50 年一遇（2％）和 200 年一遇（0.5％）最大 24h 暴雨 P 分别为：110×1.92＝211.2（mm）、110×2.29＝251.9（mm）。

2）50 年一遇（2％）和 200 年一遇（0.5％）洪水洪峰查算。

a. 在 50 年一遇（2％）和 200 年一遇（0.5％）的洪峰模数图上查算大木岭电站坝址的洪峰模数 C 分别为 23、30；

b. 50 年一遇（2％）和 200 年一遇（0.5％）的洪水洪峰流量 Q 分别为：23×370$^{2/3}$＝1185（m^3/s）、30×370$^{2/3}$＝1546（m^3/s）。

（2）洪水测算模型的建立。

1）分别将 50 年一遇（2％）和 200 年一遇（0.5％）最大 24h 暴雨 211.2（251.9）mm、集水面积 370km^2、径流系数 0.95 输入表 6.6.1 中，通过调整洪水概化系数、洪水历时调整系数（取 1）及洪峰历时调整系数（取 1）三个系数，当计算的洪峰结果等于 1185（1546）m^3/s 时，50 年一遇（2％）和 200 年一遇（0.5％）的三个系数分别是 2.55、1、1 和 2.79、1、1。

2）将 24、370、0.95、2.55、1、1 和 24、370、0.95、2.79、1、1 输入表 6.6.2，建成大木岭水电站洪水计算模型，具体见表 6.6.3、表 6.6.4。

表 6.6.3　大木岭水电站 50 年一遇（2％）暴雨推算洪水模型

参数	降雨历时/h	降雨量/mm	集水面积/km²	洪水起涨时间			起涨时水位/m	起涨时流量/(m³/s)	径流系数	洪水概化系数	洪水历时调整系数	洪峰历时调整系数
				日	时	分						
	24	370	0	0	0		0.95	2.55	1	1

测算成果	洪水历时系数	洪峰历时系数	洪水历时/h	洪峰出现时间			洪峰水位/m	洪峰流量/(m³/s)	洪水总量/万 m³	备 注
				日	时	分				
	3.704	0.257	88.9	0	22	51	0	0	

表 6.6.4 　　大木岭水电站 200 年一遇 (0.5%) 暴雨推算洪水模型

参数	降雨历时/h	降雨量/mm	集水面积/km²	洪水起涨时间			起涨时水位/m	起涨时流量/(m³/s)	径流系数	洪水概化系数	洪水历时调整系数	洪峰历时调整系数
				日	时	分						
	24		370	0	0	0			0.95	2.79	1	1
测算成果	洪水历时系数	洪峰历时系数	洪水历时/h	洪峰出现时间			洪峰水位/m	洪峰流量/(m³/s)	洪水总量/万 m³	备　注		
				日	时	分						
	3.704	0.257	88.9	0	22	51		0	0			

（3）设计洪水的计算。

1）根据大木岭水电站坝址以上流域年最大 24h 暴雨分析计算得知，多年平均最大 24h 降雨量为 115.2mm，由皮尔逊Ⅲ型曲线可知 $C_v = 0.40$、$C_s = 3.5C_v$；从皮尔逊Ⅲ型曲线模比系数 K_p 值表中查得 2% 的模比系数 $K_p = 2.08$、0.5% 的模比系数 $K_p = 2.53$；根据以上数据计算可得，50 年一遇（2%）24h 暴雨量 $= 115.2 \times 2.08 = 239.6$（mm），200 年一遇（0.5%）24h 暴雨量 $= 115.2 \times 2.53 = 291.5$（mm）。

2）分别将 24h 暴雨 239.6mm 和 291.5mm 输入表 6.6.3、表 6.6.4 中计算洪水洪峰，计算结果为：50 年一遇（2%）洪水洪峰流量 1343m³/s、200 年一遇（0.5%）洪水洪峰流量 1788m³/s，具体计算见表 6.6.5、表 6.6.6。

表 6.6.5 　　大木岭水电站 50 年一遇 (2%) 暴雨推算洪水成果表

参数	降雨历时/h	降雨量/mm	集水面积/km²	洪水起涨时间			起涨时水位/m	起涨时流量/(m³/s)	径流系数	洪水概化系数	洪水历时调整系数	洪峰历时调整系数
				日	时	分						
	24	239.6	370	0	0	0			0.95	2.55	1	1
测算成果	洪水历时系数	洪峰历时系数	洪水历时/h	洪峰出现时间			洪峰水位/m	洪峰流量/(m³/s)	洪水总量/万 m³	备　注		
				日	时	分						
	3.704	0.257	88.9	0	22	51		1343	8422			

表 6.6.6　　大木岭水电站 200 年一遇（0.5%）暴雨推算洪水成果表

参数	降雨历时/h	降雨量/mm	集水面积/km²	洪水起涨时间			起涨时水位/m	起涨时流量/(m³/s)	径流系数	洪水概化系数	洪水历时调整系数	洪峰历时调整系数
				日	时	分						
	24	291.5	370	0	0	0			0.95	2.79	1	1

测算成果	洪水历时系数	洪峰历时系数	洪水历时/h	洪峰出现时间			洪峰水位/m	洪峰流量/(m³/s)	洪水总量/万 m³	备　注		
				日	时	分						
	3.704	0.257	88.9	0	22	51		1788	10246			

6.6.2　利用时段暴雨推求洪水过程

美国水文和水力学家谢尔曼在 1932 年提出的由降雨推算洪水过程的方法——单位线法，至今应用在洪水预报及涉水工程设计洪水推算中，取得了巨大的成果，但由于单位线是通过实测的一次降雨过程和洪水过程分析推算出来的，而实际的降雨过程具有多变性和不确定性，因此推算出的洪水过程与实际洪水偏差比较大。这里利用气象水文耦合洪水测报法（参见 6.3 节），可以根据降雨的随机性推算出与降雨过程基本相符的洪水过程线。

通过表 6.6.7 的对比分析，两者在推算洪水过程的理论依据不一致，推算洪水过程线的方法不一致；在推算洪水过程线时气象水文耦合洪水测报法比单位线需要的参数和基础资料少而且容易确定，可以相信，气象水文耦合洪水测报法在中小流域洪水预报和涉水工程设计暴雨推算洪水中将发挥重要的作用。下面通过一个实例比较两者在设计暴雨推算洪水过程方法步骤和难易的不同。

表 6.6.7　　单位线法和气象水文耦合洪水测报法对比表

序号	比较项目	单　位　线　法	气象水文耦合洪水测报法
1	理论依据及推算方法	以某时段降雨（如时段 1h、3h、6h、12h、24h；降雨量 10mm）形成的洪水过程作为单位线，以此单位线作为标准来推算地面净雨形成的地面径流过程（其中每个时段净雨形成的洪水过程是独立互不干扰的）；通过地下净雨以地面径流结束点作为地下径流涨水时间（地下径流洪峰）的等边三角形（涨水历时和退水历时相同）来推算地下径流过程；最后将各时段地面径流、地下径流和基流相加得出一次降雨过程形成的洪水过程。该过程包括地面径流、地下径流和基流三个部分	一次降雨过程形成的洪水过程是各时段降雨（包括地面和地下径流）综合作用的结果,各时段降雨形成的洪水是相互干扰的,通过降雨历时（包括总历时和各阶段历时）和时段累计降雨量直接推算洪水过程。该过程包括降雨洪水过程（地面径流、地下径流）和基流两个部分

续表

序号	比较项目	单 位 线 法	气象水文耦合洪水测报法
2	单位线的确定	须通过降雨洪水的实测资料分析才能得到,方法过程都比较复杂	无须确定单位线,但可以根据实测雨洪资料率定单位线
3	时段雨量的处理	各时段净雨量的计算比较复杂,分成地面和地下两部分计算,不同时段计算的净雨量的参数都不同,参数一旦取错,误差就大	各时段降雨在汇流过程中是相互干扰的,各时段的净雨量因总降雨历时和总径流系数而变化,因此各时段的净雨量是变化的,一次洪水只要一个径流系数就够了
4	洪水过程推算	以分析率定的单位线为标准,分别计算各时段地面净雨量的地表洪水过程,最后将各时段降雨计算的洪水过程错位叠加后得出一次降雨过程形成的地表洪水过程线,最后与推算出的地下径流过程相加获得整个洪水过程	只要确定一次降雨的综合径流系数,输入各阶段历时累计雨量就可以实时推算洪水过程线,直到降雨结束,最后根据降雨过程及分布状况,适当调整洪峰历时系数,就可得出洪水过程线

※案例:某水库,集水面积341km^2,现要做水库防洪复核,根据实测雨洪资料,请采用暴雨资料来推求$P=2\%$的设计洪水过程

(1)基本资料。

1)$P=2\%$的24h暴雨雨量为272.0mm,暴雨过程分配见表6.6.8。

表6.6.8　　　　　　　$P=2\%$设计暴雨时程分配表

时程数($\Delta t=6h$)	1	2	3	4	合计
占24h雨量的比例/%	11	63	17	9	100
设计暴雨量/mm	29.9	171.3	46.2	24.6	272
设计净雨量/mm	7.9	171.3	46.2	24.6	250
地下净雨量/mm	2.4	9.0	9.0	9.0	29.4
地面净雨量/mm	5.5	162.3	37.2	15.6	220.6
降雨径流系数	0.18	1	1	1	0.92

2)根据实测雨洪资料分析得出$\Delta t=6h$单位线,其成果见表6.6.9。

表 6.6.9　　　　　　　　　　　Δt＝6h 单位线表

时段数(Δt＝6h)	0	1	2	3	4	5	6	7	8	9	10
单位线/(m³/s)	0	8.4	49.6	33.8	24.6	17.4	10.8	7.0	4.4	1.8	0

3) 洪水过程地下径流。通过地下净雨量总量（29.4mm）计算流域地下径流总量 [341×29.4×0.1＝1002（万 m³）]，将地下径流过程概化成等角三角形，地下径流历时为地面径流历时的 2 倍 [2×13×6＝156（h）]，地下径流洪峰出现在地面径流结束时刻 [13×6＝78（h）]，根据上述数据计算地下径流过程，成果见表 6.6.10。

表 6.6.10　　　　　　　　　　地 下 径 流 过 程 表

时段数(Δt＝6h)	0	1	2	3	4	5	6	7	8	9	10	11
流量/(m³/s)	0	2.7	5.5	8.2	11.0	13.7	16.4	19.2	21.8	24.7	27.4	30.4
时段数(Δt＝6h)	12	13	14	15	16	17	18	19	20	21	22	23
流量/(m³/s)	32.9	35.6	32.9	30.4	27.4	24.7	21.8	19.2	16.4	13.7	11.0	8.2

4) 河流基流。河流基流为 5.6m³/s。

(2) 洪水过程推算。

1) 利用传统的单位线法推算的洪水成果见表 6.6.11。

表 6.6.11　　　　　　　某水库推求 P＝2%的设计洪水过程表

时段数(Δt＝6h)	地面净雨量/mm	单位线/(m³/s)	部分径流/(m³/s)				地面径流/(m³/s)	地下径流/(m³/s)	河流基流/(m³/s)	设计洪水/(m³/s)
			$h_1=$5.5	$h_2=$162.3	$h_3=$37.2	$h_4=$15.6				
(1)	(2)	(3)	(4)				(5)	(6)	(7)	(8)
0		0	0				0	0	5.6	5.6
1	5.5	8.4	4.6	0			4.6	2.7	5.6	12.9
2	162.3	49.6	27.3	136	0		163	5.5	5.6	174
3	37.2	33.8	18.6	805	31.2	0	855	8.2	5.6	869
4	15.6	24.6	13.5	548	184	13.1	750	11.0	5.6	767
5		17.4	9.6	400	126	77.4	613	13.7	5.6	632
6		10.8	5.9	282	91.5	52.7	432	16.4	5.6	454
7		7.0	3.8	175	64.8	38.4	282	19.2	5.6	307

续表

时段数（$\Delta t=$ 6h）	地面净雨量/mm	单位线/(m³/s)	部分径流/(m³/s)				地面径流/(m³/s)	地下径流/(m³/s)	河流基流/(m³/s)	设计洪水/(m³/s)
			$h_1=$ 5.5	$h_2=$ 162.3	$h_3=$ 37.2	$h_4=$ 15.6				
8	4.4	2.4	114	40.2	27.2		184	21.8	5.6	211
9	1.8	1.0	71.4	26.0	16.8		115	24.7	5.6	145
10	0	0	29.2	16.3	10.9		56.4	27.4	5.6	89.4
11			0	6.7	6.9		13.6	30.4	5.6	49.6
12				0	2.8		2.8	32.9	5.6	41.3
13					0		0	35.6	5.6	41.2
14								32.9	5.6	38.5
15								30.4	5.6	36.0
16								27.4	5.6	33.0
17								24.7	5.6	30.3

2）利用气象水文耦合洪水测报法推算洪水。

本方法不需要分析率定单位线，直接利用实测或者设计暴雨时段降雨资料、综合降雨径流系数及降雨过程（分布）的特点就可推算出这场洪水过程（具体参见6.3节）。由于本案无实测雨洪资料校正计算中的洪水概化系数、洪水历时调整系数、洪峰历时调整系数，这里只能根据案例中提供的 $\Delta t=6h$ 单位线和时段降雨资料分析得出本水库洪水概化系为1.2、洪水历时调整系数为0.9、洪峰历时调整系数为0.9；降雨资料因无1h时段雨量数据，这里只能根据6h时段雨量资料给1h时段雨量进行人为的分配，且降雨强度按中间大两头小的比例分配，其成果见表6.6.12。

表 6.6.12 　　　　　某水库流域实测过程面降雨量表

历时/h	1	2	3	4	5	6	7	8	9	10	11	12
累计降雨量/mm	2.1	4.9	8.7	13.8	20.7	29.9	42.2	58.8	80.9	110.2	149.3	201.2
历时/h	13	14	15	16	17	18	19	20	21	22	23	24
累计降雨量/mm	211.2	220.1	228.1	235.3	241.7	247.4	252.5	257.2	261.4	265.3	268.8	272.0

现将表 6.6.12 的降雨资料输入计算程序（表 6.6.13）中就可得出洪水计算成果，本次洪水过程及洪峰推算成果见图 6.6.2 和表 6.6.14。

图 6.6.2　某水库 $P=2\%$ 洪水流量过程线图

表 6.6.13　　　　　　　某水库 $P=2\%$ 流域过程降雨量

历时/h	1	2	3	4	5	6	7	8	9	10	11	12	13	14	15	16	17	18	曲线调整参数
累计降雨量/mm	2.1	4.9	8.7	13.8	20.7	29.9	42.2	58.8	80.9	110.2	149.3	201.2	211.2	220.1	228.1	235.3	241.7	247.4	涨水参数
历时/h	19	20	21	22	23	24	25	26	27	28	29	30	31	32	33	34	35	36	0.7
累计降雨量/mm	252.5	257.2	261.4	265.3	268.8	272.0													退水参数
历时/h	37	38	39	40	41	42	43	44	45	46	47	48	49	50	51	52	53	54	0.5
累计降雨量/mm																			径流系数
历时/h	55	56	57	58	59	60	61	62	63	64	65	66	67	68	69	70	71	72	0.95
累计降雨量/mm																			洪峰历时调整系数
注 1. 累计降雨量为河道洪水计算断面以上流域平均降雨量。 　2. 如果中间某时段无雨，其累计降雨量一般按前时段累计降雨量 5% 递减计算[连续不小于 2h 降雨量小于 2.5mm 视为无雨；如果连续时段累计降雨量不小于 2.5mm，应在该时段开始逐时段（包括前时段）累加降雨量，最后结束时按实际累计降雨量计算]。 　3. 曲线调整系数包括：①涨水参数，主要是解决涨水前半部分偏大的问题，在 0.7~1.1 之间；②退水参数，主要是解决退水前半部分偏小的问题，在 0~1 之间；③径流系数，在 0.1~0.95 之间；④洪峰历时调整系数，主要是解决洪峰出现时间的问题，根据降雨的时空分布和降雨过程的特点来确定，在 0.7~1.3 之间。																			0.9

表 6.6.14　　某水库 $P=2\%$ 洪水洪峰测算成果表

参数	降雨历时/h	降雨量/mm	集水面积/km²	洪水起涨时间			起涨时水位/m	起涨时流量/(m³/s)	径流系数	洪水概化系数	洪水历时调整系数	洪峰历时调整系数
				日	时	分						
	24	272	341	0	0	0		5.6	0.95	1.2	0.9	0.9
测算成果	洪水历时系数	洪峰历时系数	洪水历时/h	洪峰出现时间			洪峰水位/m	洪峰流量/(m³/s)	洪水总量/万 m³	备　注		
				日	时	分						
	3.3021	0.2313	79.25	0	18	20		747	8811			

（3）两种方法测算成果对比分析。将图 6.6.2 中的流量过程转化成与表 6.6.11 洪水过程时间同步的流量过程线，其成果见表 6.6.15 和图 6.6.3。

表 6.6.15　　　　　　　洪水过程测算成果对比表

测算方法	时间/h															合计
	0	6	12	18	18.33	24	30	36	42	48	54	60	66	72	78	79.25	
单位线/(m³/s)	5.6	12.9	174	869	842	767	632	454	307	211	145	89.4	49.6	41.3	41.2	40.6	4681.6
耦合法/(m³/s)	5.6	106	645	746	747	571	402	291	235	171	119	82.9	45.6	30.3	9.5	5.6	4212.5
误差（单位线－耦合法）	0	−93.1	−471	123	95.0	196	230	163	16.0	40.0	26	6.5	4.0	11.0	31.7	35.0	

注　从以上数据对比看，各时段流量都存在一些误差，这主要是时段雨量分配及径流系数不同造成的，但总体看，洪水过程和量级基本一致，洪峰出现的时间差 0.33h，洪峰流量误差 122m³/s，洪峰流量误差为 14%。

图 6.6.3　某水库 $P=2\%$ 洪水流量过程图

从表 6.6.15 中两者方法测算成果对比知道，两者的洪水过程和量级基本一致，造成局部误差的原因主要是 1h 时段雨量和不同阶段径流系数的处理不一致，此外，最后时段 6h 的降雨，也许只降了 3h，但观测统计是按 6h 时段统计的，导致存在降雨历时误差的问题，其实 24h 连续降雨发生的比率很小，一般只占 1.5% 左右；两者洪峰出现时间差为 0.33h，洪峰流量误差 122 m³/s，洪峰流量误差为 14%（122÷869×100%＝14.0%）。

从图 6.6.3 洪水过程线看，气象水文耦合洪水测报法的过程线比较平滑，而单位线的折转比较厉害。

6.6.3　水库设计暴雨洪水调洪计算

在水库设计初期或水库大坝防洪复核阶段，需要根据供水或防洪要求设定相应的蓄水位，特别是水库最高蓄水位即校核洪水位下的最大排洪流量，关系水库大坝的安全运行，也直接影响溢洪道工程的设计。因此相对准确合理的校核洪水下调洪计算就成了关键。下面就设计暴雨洪水分无洪水过程（参见 6.6.1 节）和有洪水过程（参见 6.6.2 节）两种情况下的水库调洪计算作简单介绍。

6.6.3.1　水库调洪计算的基本原理和方法

当一场洪水进入水库，通过水库蓄水和排水两个过程的调节使入库洪水过程变成两种水流状态，即水库蓄水过程和水库排洪过程，当入库流量与排洪流量相等时，进出水量保持平衡，这时水库水位达到最高值。

水库调洪计算的目的就是通过不断的进、出库水量调节计算寻找这个平衡点（入库流量与排洪流量相等的时间点），计算出最高蓄水位（最大蓄水量）和最大排洪流量。下面针对此问题，根据入库洪水计算成果，用不同的方法来解决。

6.6.3.2　无洪水过程水库调洪计算

由 6.6.1 节设计暴雨洪水计算可知，人们经常用相应时段（24h、72h）的暴雨来推算洪水，而相应时段是人为设定的，具体在这个过程中降雨多少小时（降雨历时）无法确定，因此只能用相应时段的降雨量（或者径流量）来推算洪水的洪峰，在这种情况下，如何进行水库的洪水调洪计算呢？

要解决这个问题，就得知道这场洪水的过程，解决方法是将这场洪水概化成一个三角形，通过总径流量和推算出的洪峰流量来计算洪水历时、涨水历时和退水历时，由此得到整个洪水过程。入库洪水过程和排洪过程参见图 6.6.4。

图 6.6.4 入库洪水过程和排洪过程示意图（无洪水过程）

1. 工作流程

工作流程见图 6.6.5，下面介绍具体工作内容。

图 6.6.5 工作流程图

2. 计算方法及公式

（1）时段暴雨洪水径流量计算。通常用相应时段（如 24h）暴雨来推算洪水，降雨通过蒸发、下渗、截留后在地面、河道形成径流，这里计算的是不考虑河流底水（以下计算公式同）情况下的降雨所产生径流量，其计算公式为

$$W = FPK/10 \tag{6.6.1}$$

式中　W——入库洪水径流量，万 m^3；

F——水库流域集水面积，km^2；

P——时段（如 24h）降雨量，mm；

K——径流系数，$K \leqslant 1$。

（2）入库洪水历时、涨水历时、退水历时计算。根据洪量（径流量）计算公式，将入库洪水过程概化成一个三角形，可以推算出入库洪水历时 $T_{入库}$，其计算公式为

$$T_{入库} = 5.56W / Q_{入库} \tag{6.6.2}$$

式中　$T_{入库}$——入库洪水历时，h；

W——入库洪水径流量，万 m^3；

$Q_{入库}$——入库洪水洪峰，m^3/s；

5.56——单位换算系数。

由入库洪水历时 $T_{入库}$ 可以推算出洪水的涨水历时 $T_{入涨}$，其计算公式为

$$T_{入涨} = 0.275 T_{入库} \tag{6.6.3}$$

入库洪水退水历时 $T_{入退}$ 计算公式为

$$T_{入退} = T_{入库} - T_{入涨} \tag{6.6.4}$$

（3）入库洪水退水流量计算。由于最高蓄水位和最大排洪流量出现在入库洪水退水阶段，查算相应时间退水流量 $Q_{退i}$ 是必须的，其计算公式为

$$Q_{退i} = Q_{入库} - T_i Q_{入库} / T_{入退} \tag{6.6.5}$$

式中　T_i——距离入库洪峰的时间，h。

（4）最大排洪流量和最高蓄水位计算。

为了推算出最大排洪流量和最高蓄水位，引进最大排洪流量滞后入库洪峰时间 ΔT 的概念来进行试算水库蓄水位，当计算的水库蓄水位和设定的最高蓄水位相等时，排洪流量就是水库最大的排洪流量。

1）水库最大排洪流量的计算。根据入库洪水退水流量计算的公式，在水库调洪过程中，水库最大排洪流量的计算公式为

$$Q_{排} = Q_{入库} - \Delta T Q_{入库} / T_{入退} \tag{6.6.6}$$

式中　$Q_{排}$——最大排洪流量，m^3/s；

$Q_{入库}$——入库洪水洪峰，m^3/s；

ΔT——最大排洪流量滞后入库洪峰时间，h。

2）水库最高蓄水位的计算。要知道水库最高蓄水位，就必须计算出水库的最大蓄水量，当排洪流量达到最大时，进、出库流量达到平衡，其水库

蓄水库容最大，此时的库容包括两个部分，即起调水位时的初始库容 $V_起$ 和入库洪水的来水量与排洪水量之差 $\Delta V(T_{入涨}+\Delta T$ 时间之前$)$，$V_起$ 直接用起调水位查算，ΔV 的计算公式为

$$\Delta V = W_来 - W_排 \tag{6.6.7}$$

其中

$$W_来 = 0.18 \times [Q_{入库}\ T_{入涨} + \Delta T\ (Q_{入库} + Q_排)]$$

$$W_排 = 0.18 \times [(T_{入涨} + \Delta T)\ Q_排]$$

式中 ΔV——$T_{入涨} + \Delta T$ 时间之前的库容变量，万 m^3；

      $W_来$——$T_{入涨} + \Delta T$ 时间之前的洪水来水量，万 m^3；

      $W_排$——$T_{入涨} + \Delta T$ 时间之前的排洪水量，万 m^3；

      $Q_排$——最大排洪流量，m^3/s；

      $Q_{入库}$——入库洪水洪峰流量，m^3/s；

      $T_{入涨}$——入库洪水的涨水历时，h；

      ΔT——最大排洪流量滞后入库洪峰时间，h；

      0.18——单位换算系数。

水库的最大库容 $V_{最大} = V_起 + \Delta V$，最后通过水位库容关系曲线查算相应的水位即可。

（5）测算模型的建立。

根据上述（1）～（4）的计算方法、计算公式和测算项目的目标，为操作和计算方便，利用 Excel 电子表格编制计算模型（图6.6.6），具体如下。

	A	B	C	D	E	F	G	H	I	J	K	L	M	N	O
1	__水库设计暴雨洪水最高蓄水位排洪流量测算成果表														
2	参数	降雨历时/h	降雨量/mm	集水面积/km²	库水位起调时间			起调水位/m	起调库容/万m³	前期入库流量/(m³/s)	最大排洪流量滞后入库洪峰时间/h		计算入库洪峰流量/(m³/s)	径流系数	洪峰历时调整系数
3					日	时	分								
4		24	548	264	0	0	0	255	8667	0	6.47		3980	0.95	1
5															
6	测算成果	洪峰历时/h		洪峰历时/h	入库洪峰出现时间			库最高水位/m	最大库容/万m³	入库洪峰流量/(m³/s)	产流洪水总量/万m³	最大排洪流量/(m³/s)	备注		
7					日	时	分								
8		5.28		19.2	0	5	17	267.91	15060	3980	13744	2130			
	说明：														

图6.6.6   水库设计暴雨洪水最高蓄水位排洪流量计算模型

计算模型需要说明的几个问题如下。

1）本测算模型适用于相应时段（如 24h、72h）设计暴雨推算的水库入库洪水（洪峰）在设定最高蓄水位下最大排洪流量的测算，也可用于已建水库大坝高度的复核计算。

2）模型中需要输入的参数有：降雨历时、降雨量、集水面积、库水位起调时间、起调水位、前期入库流量、最大排洪流量滞后入库洪峰时间、计算入库洪峰流量、径流系数、洪峰历时调整系数。

3）关于模型中几个参数的解释。

a. 这里的降雨历时是指按规定时段统计最大降雨量的时间（如 6h、24h、72h），但与实际的降雨历时并不一致，一般会小于实际的降雨历时，因为它统计的标准是最大降雨量的那个时段。

b. 径流系数即产流系数，是指一次降雨所产生径流量的转换系数，可根据流域植被和土壤水量饱和程度来确定，由于这是在设计最大暴雨下的洪水计算，其径流系数值按最大计算，一般为 0.95。

c. 前期入库流量是指暴雨形成洪水时的河流底水，如果计算洪水时考虑了这个因子，其数值为 0，否则要输入相应的流量数据。

d. 最大排洪流量滞后入库洪峰时间是指入库洪水洪峰出现时间到最大排洪流量出现的时间差，在最大排洪的时间点上入库流量和出库流量相等、水库蓄水量最大、库水位达到最高值。

e. 入库洪峰流量是指按规定时段（如 24h、72h）设计暴雨推算的水库入库洪水洪峰值。

f. 洪峰历时是指洪水从起涨点到达洪峰出现的时间。

g. 洪水历时是指测算入库洪水过程累计时间，即起涨流量到洪峰又回落到起涨流量所需要的时间。

4）由于洪峰出现时间受降雨分布、降雨过程的影响比较大，为了更真实地反映洪峰出现的时间，本模型中设置"洪峰历时调整系数"来调整，一般为 0.7～1.3，其中数为 1。

5）最大排洪流量包括水库所有出口的放水流量，即溢洪道、冲沙闸、导流管（洞）、泄洪洞和放水涵管最大流量总和，在溢洪道设计时应作相应的考虑。

6）水库水位库容关系曲线是水库调洪计算中重要关键的数据文件，其直接关系水库调洪测算的成果，在计算时必须根据当时真实情况更新。

6.6.3.3　有洪水过程水库调洪计算

从 6.6.2 节设计暴雨洪水计算可知，在用相应时段（24h、72h）的暴雨来推算洪水时，如果通过相应设计频率降雨量在历年统计的最大降雨量系列中找到实际的降雨过程（实际的降雨历时），就可以通过实时降雨过程推算出整个洪水过程。有了入库洪水过程，通过每个时段来水量和排洪水量平衡调洪计算，就能计算出每个时间的蓄水量和蓄水位，水库的蓄水过程线将一目了然，其中蓄水位（蓄水量）最高时的排洪流量为这场入库洪水过程中最大排洪流量（这时入库流量和排洪流量达到平衡，即两者相等）。入库洪水过程和排洪过程参见图 6.6.7。

图 6.6.7 入库洪水过程和排洪过程示意图（有洪水过程）

1. 工作流程

工作流程图见图 6.6.8，下面介绍具体的工作内容。

图 6.6.8 工作流程图

2. 计算方法及公式

（1）最大排洪流量计算。由于已经知道了入库洪水过程，每一个时间的入库流量都可以直接查算，利用"当入库流量和排洪流量相等时来水量和排水量达到平衡，此时水库蓄水位达到最高"的原则，设定一个"最大排洪流量滞后入库洪峰时间 ΔT"，利用"入库洪水涨水历时＋ΔT"的时间在入库洪水过程中查算其流量值，其计算公式为

$$Q_{排洪}＝Q_{入i} \tag{6.6.8}$$

式中　$Q_{排洪}$——最大排洪流量，m^3/s；

　　　$Q_{入i}$——入库洪水过程流量，这里流量是指"入库洪水涨水历时＋ΔT"时间点的洪水流量，m^3/s。

（2）排洪过程历时计算。水库自然调洪过程中，在确保排洪总体水量和暴雨洪水过程平衡的前提下，将排洪过程概化成一个三角形，这样既可保证入库、排洪水量平衡，又可大大地简化计算过程。排洪的涨水历时 $T_{排涨}$ 比较容易确定，排洪的退水历时 $T_{排退}$ 则要通过"最大排洪前拦蓄下来的洪水量在退水过程中消耗掉，即达到总体入库、排洪水量平衡"来计算确定。上述两者的计算公式如下

$$T_{排涨}＝T_{入涨}＋\Delta T \tag{6.6.9}$$

式中　$T_{排涨}$——排洪涨水历时，h；

　　　$T_{入涨}$——入库洪水涨水历时，h；

　　　ΔT——最大排洪流量滞后入库洪峰时间，h。

$$T_{排退}＝5.56W/Q_{排}－（T_{入涨}＋\Delta T） \tag{6.6.10}$$

式中　$T_{排退}$——排洪退水历时，h；

　　　W——入库洪水总径流量，万 m^3；

　　　$Q_{排}$——最大排洪流量，m^3/s；

　　　$T_{入涨}$——入库洪水的涨水历时，h；

　　　ΔT——最大排洪流量滞后入库洪峰时间，h；

　　　5.56——单位换算系数。

（3）排洪过程流量计算。为了计算水库的库容变量，需要计算与入库洪水各时间同步的排洪流量，其计算分成涨水和退水两部分，其计算公式为

$$Q_{排涨i}＝T_i Q_{排}/T_{排涨} \tag{6.6.11}$$

式中　$Q_{排涨i}$——与入库洪水同步时间的排洪涨水流量，m^3/s；

T_i——入库洪水第 i 段累计历时，h；

$Q_{排}$——最大排洪流量，m^3/s；

$T_{排涨}$——排洪涨水历时，h。

$$Q_{排退i} = Q_{排} - (T_i - T_{排涨})Q_{排}/T_{排退} \qquad (6.6.12)$$

式中 $Q_{排退i}$——与入库洪水同步时间的排洪退水流量，m^3/s；

T_i——入库洪水第 i 段累计历时，h；

$Q_{排}$——最大排洪流量，m^3/s；

$T_{排涨}$——排洪涨水历时，h；

$T_{排退}$——排洪退水历时，h。

（4）水库蓄水量计算。水库蓄水量的变化与水库来水和排水有着密切的关系，当来水量大于排水量，水库库容增加，反之则减少。水库来水量直接利用入库洪水过程流量计算相应时段水量即可，由于排洪过程的流量分涨、退两个部分计算，在计算水库蓄水量时依然分两个部分。

1）排洪涨水部分蓄水量计算公式。

$$V_{排涨i} = V_{起} + W_i - 0.18T_iQ_{排涨i} \qquad (6.6.13)$$

式中 $V_{排涨i}$——排洪涨水阶段 T_i 时段水库蓄水量，万 m^3；

$V_{起}$——起调水位库容，万 m^3；

W_i——T_i 时段入库洪水来水量，万 m^3；

$Q_{排涨i}$——与入库洪水同步时间的排洪涨水流量，m^3/s；

T_i——入库洪水第 i 段累计历时，h；

0.18——单位换算系数。

2）排洪退水部分蓄水量计算公式。

$$V_{排退i} = V_{起} + W_i - \{0.18[T_{排涨}Q_{排} + (T_i - T_{排涨})(Q_{排} + Q_{排退i})]\}$$
$$\qquad (6.6.14)$$

式中 $V_{排退i}$——排洪退水阶段 T_i 时段水库蓄水量，万 m^3；

$V_{起}$——起调水位库容，万 m^3；

W_i——T_i 时段入库洪水来水量，万 m^3；

$Q_{排}$——最大排洪流量，m^3/s；

$Q_{排退i}$——与入库洪水同步时间的排洪退水流量，m^3/s；

$T_{排涨}$——排洪涨水历时，h；

T_i——入库洪水第 i 段累计历时，h；

0.18——单位换算系数。

（5）水库蓄水位计算。根据（4）中计算方法，逐时计算出水库蓄水量 V，通过水位库容关系曲线查算相应的库水位。为了直观反映入库洪水过程和水库蓄水变化过程，可以绘制入库洪水过程和水库蓄水量过程线（水库蓄水位过程线）。

（6）测算模型的建立。依据上述（1）～（5）的计算方法、计算公式和测算项目的目标，为操作和计算方便，利用 Excel 电子表格编制计算模型（图 6.6.9，图 6.6.10），具体如下。

图 6.6.9 水库设计洪水过程最高蓄水位排洪流量计算模型

计算模型需要说明的几个问题如下。

1）本测算模型适用于设计暴雨推算或者实测（通过相应设计频率洪水过程放大）的水库入库洪水过程在允许最高蓄水位下的最大排洪流量的测算，也可用于已建水库相应频率洪水大坝高度的复核。

2）模型中需要输入的参数有：入库洪水过程线、洪峰历时、洪水历时、集水面积、库水位起调时间、起调水位、前期入库流量、最大排洪流量滞后入库洪峰时间。

3）模型中几个参数的解释。

a. 洪水过程线是指按时间顺序发生的洪水流量过程，其时间间隔为 1h，是水库调洪计算的关键数据，其数据在"洪水及水库蓄水位"文件中输入。

b. 洪峰历时是指洪水从起涨点到达洪峰出现的时间，其可直接在洪水过程中查取。

图 6.6.10 设计暴雨入库洪水及水库蓄水过程线

　　c. 洪水历时是指一次入库洪水过程的累计时间，即起涨水位到洪峰又回落到起涨时水位所需要的时间。

　　d. 前期入库流量是指暴雨形成洪水时的河流底水流量，如推算的洪水过程考虑了这个因子，其数值为 0，否则要输入相应的流量值。

　　e. 最大排洪流量滞后入库洪峰时间是指入库洪水洪峰出现时间到最大排洪流量出现的时间差，在最大排洪的时间点上入库流量和出库流量相等、水库蓄水量最大、库水位达到最高值。

　　f. 入库洪峰流量是指设计暴雨推算的入库洪水洪峰值。

　　g. 洪水总量是指一次洪水过程的来水总径流量（包括河流底水流量）。

　　h. 最大排洪流量是指水库到达最高蓄水位时的排洪流量，是水库溢洪道尺寸设计的关键指标。

　　i. 最大库容来水量是指水库蓄水位达到最高时的洪水来水量，这一时间点之前来水量大于排洪水量，库水位处于上升阶段，之后来水量小于排洪水量，库水位处于下降阶段。

4）最大排洪流量包括水库所有出口的放水流量，即溢洪道、冲沙闸、导流管（洞）、泄洪洞和放水涵管最大流量总和，在溢洪道设计时应作相应考虑。

5）水库水位库容关系曲线是水库调洪计算中重要关键的数据文件，其直接关系水库调洪测算的成果，在计算时必须根据真实情况实时更新。

6.7　多目标洪水叠加的洪水过程推算

河道分干流和支流，越往下游，干流就越长、支流就越多，流域集水面积就越大，各支流洪水的叠加效应就越显著，气象水文耦合洪水测报法反映的就是这种叠加效应。随着社会的不断发展和人们对大自然的认识不断加评，人类对河流的开发和利用愈发强大，如在河道上修筑大坝蓄水发电、灌溉、跨流域调水等，这些工程的蓄水调节严重影响着河道自然规律的发展，其影响包括水环境生态、河道沿岸陆地生态、水文规律等。

这里要研究的是河道上游蓄水工程的蓄、排洪对下游河道洪水的影响，特别是多个目标工程的影响，最后利用气象水文耦合洪水测报法推算出下游河道在多个目标工程影响下的洪水过程。要完成这一工作任务，就必须提前做如下工作。

6.7.1　收集流域内蓄水工程的相关资料

要准确地测算出河道的洪水规模或过程，就必须了解清楚并收集测算河道断面以上流域内蓄水工程相应的工程特性数据，这些数据包括蓄水工程流域的集水面积、特征水位及相应库容、溢洪道尺寸及泄洪方式等。必须准确及时地收集分析一些能够调控洪水的实时洪水调度数据，因其对下游洪水影响特别大，也是测算洪水形成必不可少的要件。

6.7.2　流域内降雨观测站的布设和资料收集整理

（1）雨量观测站的布设。形成洪水的主要因素是流域内降雨，在流域内布设合理雨量观测站是必须的，这些观测站必须满足基本的雨量观测要求，能够实时传递数据，观测间隔时间不能超过 1h，同时统计相应间隔时间的降雨量。蓄水工程流域内必须布设满足洪水预报要求的雨量观测站。

（2）降雨量的收集整理。由于降雨是洪水形成的主要因素，加之流域内蓄水工程对降雨径流的调蓄，流域洪水测算变得复杂。要精确测算洪水就必须掌握流域内各区域降雨的分布情况，特别是一些能够调控洪水的蓄水工程流域的降雨。为此，在降雨量收集统计时必须分区域同步收集实时降雨数据并统计各区域的面雨量，然后以产流区域 1h 面雨量 1.0～2.0mm（一般取大于等于 1.5mm）作为判断标准，确定降雨过程起止时间，相对集中时段累计降雨小于 30mm（大于等于 30mm 的应为一个独立计算洪水的降雨过程）的可以合并为一个降雨过程的标准，对产流区域累计面雨量进行降雨过程（形成洪水的降雨过程）划分，为后续洪水分析测算作准备。

6.7.3　洪水的推算

根据气象水文耦合洪水测报法的基本计算方法和原则，在洪水测算时以实际产流面积内的降雨量计算洪水，因此，在计算洪水需要的降雨量时，必须考虑上游蓄水工程的蓄水情况（或者调度情况）决定实际产流面积（减去被截流域面积）及相应面积内的面雨量。蓄水工程人为因素的影响导致该流域洪水推算的复杂性，下面简述此计算过程。

（1）实际产流面积降雨洪水的推算。流域内蓄水工程（主要指具有人为调蓄洪水功能的水库）以上集水面积的降雨对自然洪水的形成没有作用，所以在推算流域自然洪水过程时要扣除蓄水工程以上集水面积内的降雨量（降雨量和集水面积同步），具体计算方法参照 6.3 节，计算模型见图 6.3.3。

如果在本次洪水过程中又发生一次或多次降雨过程，该降雨过程形成的洪水过程应单独计算，以净洪流量过程（扣除底水）参与后期的合成计算。

（2）流域内蓄水工程排洪过程的推算。这里的蓄水工程是指具有人为调控洪水功能的水库，其排洪过程会在下游河道断面形成一个独立的人为洪水过程，即：起涨过程→持续过程→退水过程。起涨过程是排洪水量到达某一断面从 0 到稳定排洪流量（水库的人为控制的排洪流量）的持续时间；持续过程是指排洪水量到达某一断面稳定排洪流量（水库的人为控制的排洪流量）的持续时间；退水过程是指排洪水量到达某一断面从稳定排洪流量（水库的人为控制的排洪流量）到 0 的持续时间。排洪过程见图 6.7.1。

为了准确测算出水库排洪到达某一断面的人为洪水过程，首先要掌握水

图 6.7.1　水库排洪到达某河道断面洪水过程示意图

库排洪到达测算断面的传递时间，其直接关系后期洪水叠加合成的质量；其次是掌握水库排洪到达测算断面的起涨过程（起涨历时）和退水过程（退水历时），具体计算可按表 6.7.1 查算。

表 6.7.1　　　　　　水库排洪起涨历时、退水历时查算表

河道集水面积/km²	起涨历时/h	退水历时/h	河道集水面积/km²	起涨历时/h	退水历时/h
50	2.39	7.11	800	3.18	8.96
100	2.54	7.53	850	3.19	8.99
150	2.64	7.79	900	3.20	9.03
200	2.74	8.04	950	3.23	9.04
250	2.79	8.17	1000	3.24	9.08
300	2.85	8.30	1050	3.25	9.12
350	2.91	8.42	1100	3.28	9.14
400	2.97	8.55	1150	3.29	9.18
450	3.01	8.60	1200	3.31	9.21
500	3.04	8.66	1250	3.33	9.24
550	3.06	8.71	1300	3.34	9.27
600	3.09	8.74	1350	3.36	9.31
650	3.11	8.81	1400	3.37	9.34
700	3.13	8.88	1450	3.39	9.37
750	3.16	8.91	1500	3.41	9.40

续表

河道集水面积/km²	起涨历时/h	退水历时/h	河道集水面积/km²	起涨历时/h	退水历时/h
1550	3.41	9.42	2300	3.54	9.61
1600	3.42	9.43	2350	3.55	9.62
1650	3.43	9.44	2400	3.56	9.64
1700	3.44	9.45	2450	3.57	9.65
1750	3.45	9.46	2500	3.58	9.66
1800	3.45	9.47	2550	3.59	9.68
1850	3.46	9.48	2600	3.61	9.70
1900	3.47	9.49	2650	3.62	9.72
1950	3.48	9.50	2700	3.64	9.73
2000	3.48	9.52	2750	3.65	9.75
2050	3.49	9.53	2800	3.66	9.77
2100	3.50	9.55	2850	3.67	9.79
2150	3.51	9.56	2900	3.68	9.81
2200	3.52	9.58	2950	3.70	9.82
2250	3.53	9.59	3000	3.71	9.84

注 1. 本表数据参照执行,根据实际情况适当调整;

2. 河道集水面积是指水库排洪到达河道断面以上的流域集水面积。

流域内每一个水库排洪到达某一河道断面形成一个独立的排洪过程,每个独立过程流量均参与后期洪水过程流量的合成计算。

(3) 实际洪水过程的推算:根据(1)、(2)测算出的各自洪水过程,以(1)中第一次降雨过程推算的洪水过程为基础,在时间上同步,将(1)中第二次、第三次……降雨过程推算洪水过程的净流量(不含河道底水流量)和(2)中测算出的各水库排洪过程流量按时间序列同步叠加合成计算,可推算完整的洪水过程。

(4) 与实测洪水过程对比分析:洪水过程推算出来后,应与实测洪水过程作对比分析、计算误差,要求流量相对误差在 20% 以内才算合格,否则要分析原因,寻找问题所在,不断地补充完善,调整洪水测算方案中的相关参数,力求寻找适合本区域洪水过程的推算方案。

※案例：广西漓江桂林水文站 2021 年 7 月 1—6 日洪水过程推算

桂林水文站以上集水面积 2762km²，流域内有很多具有调节性的水利工程，共有水库 45 座，水库集水面积达 1369km²（其中大中型水库集水面积 1201km²），总库容 110840 万 m³，调洪库容 31332 万 m³，水库的蓄水放水等调度状况和雨量站分布情况所造成降雨信息不确定性对洪水测报的精度影响特别大。影响洪水并具有人为调节作用的水库主要是青狮潭水库（集水面积 474km²、调洪库容 17800 万 m³）、小溶江水库（集水面积 264 km²、调洪库容 3120 万 m³）、斧子口水库（集水面积 314km²、调洪库容 3950 万 m³）、川江水库（集水面积 127km²，调洪库容 3300 万 m³）。距离桂林水文站断面上游 1km 处的吴家里壅水坝工程侵占原河道断面约 1/5，具有一定的洪水调蓄作用，对桂林水文站洪水水位影响比较大。流域内布设了完善的降雨量观测站，其分属于气象、水文、水利部门管辖，观测数据完全满足洪水测报的要求。漓江上游流域水系及工程分布见图 6.7.2。

本次洪水过程推算包括三个方面的内容：一是流域降雨洪水过程推算，共有 3 次相对集中的降雨过程，其形成 3 场洪水过程；二是上游四大水库不断地改变排洪流量和排洪时间形成的洪水过程，总共 15 次调整排洪流量（其中青狮潭水库 5 次，小溶江水库 6 次，斧子口水库 3 次，川江水库 1 次）；三是要将上述形成的洪水过程同时间叠加计算出这次洪水过程。

根据 2021 年 7 月 1 日 9 时至 7 月 4 日 6 时的流域实时累计降雨过程资料分析，期间划分为 3 次相对集中降雨过程，全流域降雨过程为：7 月 1 日 9 时至 7 月 2 日 8 时、7 月 2 日 10 时至 7 月 3 日 16 时和 7 月 4 日 0—5 时；不含四大水库流域面积的降雨过程为：7 月 1 日 10 时至 7 月 2 日 6 时、7 月 2 日 13—17 时和 7 月 3 日 14 时至 7 月 4 日 4 时。

本次利用气象水文耦合洪水测报法和本书作者编制的计算程序分别对这 3 次降雨过程形成的 3 场洪水过程进行推算；分别对每个水库排洪形成的洪水过程进行推算；最后将 7 场洪水过程叠加推算出漓江桂林水文站 2021 年 7 月 1—6 日的洪水过程，具体推算过程如下。

1. 流域降雨资料的收集统计分析

由于这次降雨过程历时较长（共 69h）且时空分布极不均匀，主要强降雨区集中在上游四大水库区域（青狮潭、川江、小溶江、斧子口水库累计降雨分别为：279.1mm、315.1mm、358.6mm、403.0mm），为有效地推算本次降雨过程

图 6.7.2 漓江上游桂林水文站流域水系及工程分布图

和水库调洪形成的洪水过程，同时推算还原自然河流（无水库调节洪水）的洪水过程，必须分区域统计其面雨量并分析、划分形成洪水的降雨过程。

（1）7月1日9时至4日6时实时观测收集流域降雨资料。分区收集统计流域内雨量观测站观测的降雨量资料，并按1h时段同步逐时累计流域各区域面降雨量，为分析、划分相对集中降雨过程（可形成洪水过程的降雨过程）作准备。本次降雨量资料统计成果见表6.7.2和图6.7.3。

表6.7.2　2021年7月1日9时至4日6时桂林水文站以上流域降雨量统计表

单位：mm

降雨区域	累计时段													
	1日9—10时	1日9—11时	1日9—12时	1日9—13时	1日9—14时	1日9—15时	1日9—16时	1日9—17时	1日9—18时	1日9—19时	1日9—20时	1日9—21时	1日9—22时	1日9—23时
菁狮潭水库库区	6.9	35.6	41.0	42.0	44.2	45.1	46.7	51.4	62.6	73.0	85.9	100.5	106.6	117.3
川江水库库区	0.7	13.9	19.9	26.0	32.0	33.8	34.5	39.4	38.6	47.5	56.2	68.6	30.9	95.0
小溶江水库库区	1.8	27.9	37.9	39.6	46.8	48.0	49.0	53.3	54.6	68.0	79.6	97.1	104.8	123.4
斧子口水库库区	1.1	12.4	26.9	28.8	33.3	36.0	35.8	40.2	43.8	54.8	62.5	77.1	95.8	106.0
大溶江灵渠以上（不含斧子口、川江）	0	0	7.7	12.6	13.1	13.4	13.4	13.4	13.4	15.1	21.4	33.8	39.5	42.9
大溶江—灵川城区	0.4	6.2	14.5	15.9	16.8	17.5	17.5	17.5	17.8	20.5	24.2	28.3	28.8	29.4
城区（含桃花江、部分临桂）	0.4	3.2	4.6	7.4	9.0	9.2	9.2	9.2	9.3	10.6	14.1	15.1	15.3	15.4
扣除四大水库后流域面雨量	0.3	2.5	7.0	10.3	11.5	11.8	11.8	11.8	11.9	13.5	17.9	23.2	25.3	26.5
全流域面雨量	1.7	13.1	19.9	22.4	25.2	26.2	26.6	28.7	31.5	37.8	45.0	54.5	61.1	67.6

续表

降雨区域	累计时段													
	1日9时至2日0时	1日9时至2日1时	1日9时至2日2时	1日9时至2日3时	1日9时至2日4时	1日9时至2日5时	1日9时至2日6时	1日9时至2日7时	1日9时至2日8时	1日9时至2日9时	1日9时至2日10时	1日9时至2日11时	1日9时至2日12时	1日9时至2日13时
青狮潭水库库区	121.8	125.2	139.8	155.1	166.9	173.3	178.1	181.9	184.2	185.1	185.5	192.2	193.0	193.6
川江水库库区	112.2	125.6	141.1	154.3	168.3	173.9	184.4	187.5	192.5	194.7	197.5	209.8	211.6	212.9
小溶江水库库区	136.0	144.6	158.6	174.9	196.5	207.5	225.1	234.5	241.8	244.1	244.1	259.4	260.5	260.9
斧子口水库库区	134.1	154.4	171.7	179.9	209.9	220.2	230.1	243.9	248.0	252.1	253.7	264.5	267.9	269.7
大溶江灵渠以上（不含斧子口川江）	42.9	42.9	44.2	46.9	51.7	55.9	59.0	61.3	61.6	61.6	61.6	61.8	61.8	61.8
大溶江—灵川城区（含桃花江、部分川临桂）	29.5	29.5	31.5	35.8	38.9	42.4	45.2	45.9	45.9	46.1	46.1	46.1	46.2	47.4
	15.4	15.5	15.8	17.2	17.4	18.3	18.7	18.8	18.8	18.8	18.8	18.9	18.9	20.1
扣除四大水库后流域面雨量	26.5	26.6	27.5	29.7	31.8	34.2	35.9	36.7	36.9	36.9	36.9	37.0	37.0	37.8
全流域面雨量	75.5	81.2	89.2	96.6	107.5	112.9	118.4	122.9	125.1	126.3	126.8	131.9	132.8	133.8

续表

降雨区域	累计时段 1日9时至2日14时	1日9时至2日15时	1日9时至2日16时	1日9时至2日17时	1日9时至2日18时	1日9时至2日19时	1日9时至2日20时	1日9时至2日21时	1日9时至2日22时	1日9时至2日23时	1日9时至3日0时	1日9时至3日1时	1日9时至3日2时	1日9时至3日3时
青狮潭水库库区	195.1	195.2	195.2	195.2	196.9	196.9	196.9	196.9	198.2	200.7	201.9	207.2	207.8	208.3
川江水库库区	214.2	214.2	214.2	214.2	214.5	215.2	215.6	216.6	218.3	225.8	229.1	234.7	243.6	257.3
小溶江水库库区	262.9	263.0	263.0	263.0	264.1	264.1	266.4	267.1	267.4	274.9	278.5	285.5	287.4	288.6
斧子口水库库区	271.4	271.5	271.5	271.5	273.0	274.9	275.4	276.2	276.8	282.2	304.1	309.7	330.0	344.5
大溶江灵渠以上（不含斧子口川江）	62.5	62.7	62.7	63.1	64.5	64.5	64.6	64.8	64.9	67.0	71.0	71.9	72.4	72.8
大溶江—灵川	48.2	48.6	48.6	52.2	52.5	52.5	52.7	53.2	53.8	54.7	54.9	56.1	56.2	56.2
城区（含桃花江、部分灵川、临桂）	23.7	23.7	26.7	31.8	32.2	32.5	34.6	36.4	36.4	36.4	36.5	36.5	36.5	36.5
扣除四大水库后流域面雨量	40.0	40.2	41.8	45.1	45.8	46.0	47.1	48.2	48.4	49.2	50.6	51.0	51.2	51.4
全流域面雨量	135.5	136.0	136.9	138.8	139.8	140.3	141.2	142.1	142.6	145.4	150.6	153.6	158.0	161.5

续表

降雨区域	累计时段													
	1日9时至3日4时	1日9时至3日5时	1日9时至3日6时	1日9时至3日7时	1日9时至3日8时	1日9时至3日9时	1日9时至3日10时	1日9时至3日11时	1日9时至3日12时	1日9时至3日13时	1日9时至3日14时	1日9时至3日15时	1日9时至3日16时	1日9时至3日17时
青狮潭水库库区	209.2	210.1	210.4	210.6	210.9	215.2	220.1	220.5	222.5	223.1	223.1	223.2	223.4	223.4
川江水库库区	259.1	264.2	271.2	271.6	272.8	273.6	275.1	277.6	279.5	280.3	280.4	280.4	280.4	280.4
小溶江水库库区	289.1	293.4	294.4	294.4	294.8	296.1	299.3	300.0	302.9	304.3	304.4	304.4	304.4	304.8
斧子口水库库区	347.7	351.3	355.8	357.8	357.4	359.3	360.8	361.5	362.3	363.5	363.5	363.5	363.5	363.8
大溶江灵渠以上（不含斧子口川江）	72.8	73.2	73.5	73.5	73.5	73.5	73.7	73.7	73.7	74.1	74.3	79.4	84.8	85.2
大溶江—灵川	56.8	56.8	56.8	57.0	57.2	57.2	57.2	57.2	57.3	57.3	57.5	70.2	75.2	75.3
城区（含桃花江、部分临桂）	36.5	36.5	36.8	37.0	37.1	37.1	37.1	37.1	37.1	37.1	37.1	41.8	42.2	44.4
扣除四大水库后流域面雨量	51.5	51.6	51.8	52.0	52.0	52.0	52.1	52.1	52.1	52.2	52.4	58.3	62.2	62.3
全流域面雨量	162.4	163.9	165.3	165.8	166.0	167.1	168.6	169.0	169.9	170.4	170.5	173.6	175.5	175.6

续表

降雨区域	累计时段												
	1日9时至3日18时	1日9时至3日19时	1日9时至3日20时	1日9时至3日21时	1日9时至3日22时	1日9时至3日23时	1日9时至4日0时	1日9时至4日1时	1日9时至4日2时	1日9时至4日3时	1日9时至4日4时	1日9时至4日5时	1日9时至4日6时
青狮潭水库库区	223.4	223.4	223.4	223.5	223.5	223.5	223.5	223.6	238.1	264.7	267.3	279.1	279.1
川江水库库区	280.4	280.7	280.7	280.7	280.7	280.7	280.7	280.7	280.8	296.1	309.5	314.2	315.1
小溶江水库库区	305.4	306.5	307.3	307.3	307.4	307.5	307.5	307.8	309.6	325.4	355.1	358.4	358.6
斧子口水库库区	363.8	363.8	363.8	363.8	363.8	363.8	363.8	364.1	369.5	380.4	392.1	401.9	403.0
大溶江灵渠以上（不含斧子口、川江）	85.2	85.2	85.2	85.2	85.3	85.3	85.7	86.4	88.2	93.9	99.2	102.2	102.2
大溶江—灵川城区（含桃花江、	75.3	75.3	75.9	76.2	76.2	76.2	77.6	78.7	93.0	96.7	104.5	104.5	104.8
部分灵川临桂）	44.4	47.7	48.3	48.4	48.6	50.8	51.0	59.1	75.7	78.4	79.7	79.7	79.7
扣除四大水库后流域面雨量	62.3	64.1	64.5	64.5	64.7	65.9	66.3	70.9	82.3	86.1	89.7	90.8	90.8
全流域面雨量	175.7	176.8	177.1	177.1	177.3	177.9	178.2	180.9	190.9	201.4	209.1	213.8	214.1

图 6.7.3　2021 年 7 月 1 日 9 时至 4 日 6 时桂林水文站
区域降雨累计降雨量趋势图

（2）扣除上游四大水库集水面积后流域累计降雨过程资料。

以 1h 流域面雨量不小于 1.5mm 作为判断标准确定降雨过程起止时间，相对集中时段累计降雨小于 30mm（不小于 30mm 的应为一个独立计算洪水的降雨过程）的可以合并为一个降雨过程的标准，对有效流域累计面雨量进行降雨过程（形成洪水的降雨过程）划分。根据表 6.7.2 中"扣除四大水库后流域面雨量"统计数据分析可划分 3 个满足要求的降雨过程，其结果如下。

1）7 月 1 日 10 时至 2 日 6 时的流域累计降雨资料。按"扣除四大水库后流域面雨量"时间段分区统计流域内各区域的降雨资料，并按 1h 时段计算累计流域面雨量，为降雨洪水过程推算作准备。本次降雨过程资料成果见表 6.7.3 和图 6.7.4。

表 6.7.3　2021 年 7 月 1 日 10 时至 2 日 6 时降雨过程降雨量统计表

单位：mm

降雨区域	累　计　时　段									
	1 日 10—11 时	1 日 10—12 时	1 日 10—13 时	1 日 10—14 时	1 日 10—15 时	1 日 10—16 时	1 日 10—17 时	1 日 10—18 时	1 日 10—19 时	1 日 10—20 时
青狮潭水库库区	28.7	34.1	35.1	37.3	38.2	39.8	44.5	55.7	66.1	79.0
川江水库库区	13.2	19.2	25.3	31.3	33.1	33.8	38.7	37.9	46.8	55.5

续表

降雨区域	累　计　时　段									
	1日10—11时	1日10—12时	1日10—13时	1日10—14时	1日10—15时	1日10—16时	1日10—17时	1日10—18时	1日10—19时	1日10—20时
小溶江水库库区	26.1	36.1	37.8	45.0	46.2	47.2	51.5	52.8	66.2	77.8
斧子口水库库区	11.3	25.8	27.7	32.2	34.9	34.7	39.1	42.7	53.7	61.4
大溶江灵渠以上（不含斧子口川江）	0.0	7.7	12.6	13.1	13.4	13.4	13.4	13.4	15.1	21.4
大溶江—灵川	5.8	14.1	15.5	16.4	17.1	17.1	17.1	17.4	20.1	23.8
城区（含桃花江、部分灵川临桂）	2.8	4.2	7.0	8.6	8.8	8.8	8.8	8.9	10.2	13.7
扣除四大水库后流域面雨量	2.2	6.7	10.0	11.2	11.5	11.5	11.5	11.6	13.2	17.6
全流域面雨量	11.4	18.2	20.7	23.5	24.5	24.9	27.0	29.8	36.1	43.3

降雨区域	累　计　时　段									
	1日10—21时	1日10—22时	1日10—23时	1日10时至2日0时	1日10时至2日1时	1日10时至2日2时	1日10时至2日3时	1日10时至2日4时	1日10时至2日5时	1日10时至2日6时
青狮潭水库库区	93.6	99.7	110.4	114.9	118.3	132.9	148.2	160.0	166.4	171.2
川江水库库区	67.9	80.2	94.3	111.5	124.9	140.4	153.6	167.6	173.2	183.7
小溶江水库库区	95.3	103.0	121.6	134.2	142.8	156.8	173.1	194.7	205.7	223.3
斧子口水库库区	76.0	94.7	104.9	133.0	153.3	170.6	178.8	208.4	219.1	229.0
大溶江灵渠以上（不含斧子口川江）	33.8	39.5	42.9	42.9	42.9	44.2	46.9	51.7	55.9	59.0
大溶江—灵川	27.9	28.4	29.0	29.1	29.1	31.1	35.4	38.5	42.0	44.8
城区（含桃花江、部分灵川临桂）	14.7	14.9	15.0	15.0	15.1	15.4	16.8	17.0	17.9	18.3
扣除四大水库后流域面雨量	22.9	25.0	26.2	26.2	26.3	27.2	29.4	31.5	33.9	35.6
全流域面雨量	52.8	59.4	65.9	73.8	79.5	87.5	94.9	105.8	111.2	116.7

图 6.7.4 2021年7月1日10时至2日6时降雨过程降雨量趋势图

2）7月2日13时至2日17时的流域累计降雨资料。按"扣除四大水库后流域面雨量"时间段分区统计流域内各区域的降雨资料，并按1h时段计算累计流域面雨量，为降雨洪水过程推算作准备。本次降雨过程资料成果见表6.7.4和图6.7.5。

表 6.7.4　2021年7月2日13—17时降雨过程降雨量统计表　　　　单位：mm

降雨区域	累 计 时 段			
	2日13—14时	2日13—15时	2日13—16时	2日13—17时
青狮潭水库库区	1.5	1.6	1.6	1.6
川江水库库区	1.3	1.3	1.3	1.3
小溶江水库库区	2.0	2.1	2.1	2.1
斧子口水库库区	1.7	1.8	1.8	1.8
大溶江灵渠以上（不含斧子口川江）	0.7	0.9	0.9	1.3
大溶江—灵川	0.8	1.2	1.2	4.8
城区（含桃花江、部分灵川临桂）	3.6	3.6	6.6	11.7
扣除四大水库后流域面雨量	2.2	2.4	4.0	7.3
全流域面雨量	2.1	2.2	3.1	5.0

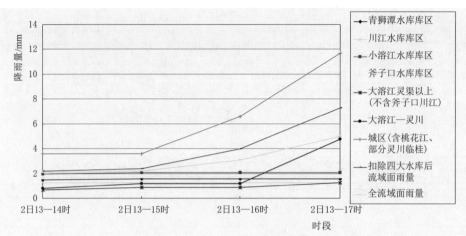

图 6.7.5　2021 年 7 月 2 日 13—17 时降雨过程降雨量趋势图

3）7月3日14时至4日4时的流域累计降雨资料。按"扣除四大水库后流域面雨量"时间段分区统计流域内各区域的降雨资料，并按 1h 时段计算累计流域面雨量，为降雨洪水过程推算准备。本次降雨过程资料成果见表 6.7.5 和图 6.7.6。

表 6.7.5　2021 年 7 月 3 日 14 时至 4 日 4 时降雨过程降雨量统计表

单位：mm

降雨区域	累　计　时　段						
	3日14—15时	3日14—16时	3日14—17时	3日14—18时	3日14—19时	3日14—20时	3日14—21时
青狮潭水库库区	0.1	0.3	0.3	0.3	0.3	0.3	0.4
川江水库库区	0	0	0.0	0.0	0.3	0.3	0.3
小溶江水库库区	0	0	0.4	1.0	2.1	2.9	2.9
斧子口水库库区	0	0	0.3	0.3	0.3	0.3	0.3
大溶江灵渠以上（不含斧子口川江）	5.1	10.5	10.9	10.9	10.9	10.9	10.9
大溶江—灵川	12.7	17.7	17.8	17.8	17.8	18.4	18.7
城区（含桃花江、部分灵川临桂）	4.7	5.1	7.3	7.3	10.6	11.2	11.3
扣除四大水库后流域面雨量	5.9	9.8	9.9	9.9	11.7	12.1	12.1
全流域面雨量	3.1	5	5.1	5.2	6.3	6.6	6.6

续表

降雨区域	累 计 时 段						
	3日14—22时	3日14—23时	3日14时至4日0时	3日14时至4日1时	3日14时至4日2时	3日14时至4日3时	3日14时至4日4时
青狮潭水库库区	0.4	0.4	0.4	0.5	15.0	41.6	44.2
川江水库库区	0.3	0.3	0.3	0.3	0.4	15.7	29.1
小溶江水库库区	3.0	3.1	3.1	3.4	5.2	21.0	50.7
斧子口水库库区	0.3	0.3	0.3	0.6	6.0	16.9	28.6
大溶江灵渠以上（不含斧子口川江）	11.0	11.0	11.4	12.1	13.9	19.6	24.9
大溶江—灵川	18.7	18.7	20.1	21.2	35.5	39.2	47.0
城区（含桃花江、部分灵川临桂）	11.5	13.7	13.9	22.0	38.6	41.3	42.6
扣除四大水库后流域面雨量	12.3	13.5	13.9	18.5	29.9	33.7	37.3
全流域面雨量	6.8	7.4	7.7	10.4	20.4	30.9	38.6

图 6.7.6 2021 年 7 月 3 日 14 时至 4 日 4 时降雨过程降雨量趋势图

（3）全流域累计降雨过程资料。以 1h 流域面雨量不小于 1.5mm 作为判断标准确定降雨过程起止时间，相对集中时段累计降雨小于 30mm（不小于 30mm 的应为一个独立计算洪水的降雨过程）的可以合并为一个降雨过程的标准，对有效流域累计面雨量进行降雨过程（形成洪水的降雨过程）划分。根据表 6.7.2 中"全流域面雨量"统计数据分析可划分 3 个满足要求的降雨过程，其结果如下。

1）7 月 1 日 9 时至 2 日 8 时的流域累计降雨资料。按"全流域面雨量"时间段分区统计流域内各区域的降雨资料，并按 1h 时段计算累计流域面雨量，为降雨洪水过程推算准备。本次降雨过程资料成果见表 6.7.6 和图 6.7.7。

表 6.7.6　2021 年 7 月 1 日 9 时至 2 日 8 时降雨过程降雨量统计表

单位：mm

降雨区域	累 计 时 段											
	1日9时—10时	1日9时—11时	1日9时—12时	1日9时—13时	1日9时—14时	1日9时—15时	1日9时—16时	1日9时—17时	1日9时—18时	1日9时—19时	1日9时—20时	1日9时—21时
青狮潭水库库区	6.9	35.6	41.0	42.0	44.2	45.1	46.7	51.4	62.6	73.0	85.9	100.5
川江水库库区	0.7	13.9	19.9	26.0	32.0	33.8	34.5	39.4	38.6	47.5	56.2	68.6
小溶江水库库区	1.8	27.9	37.7	39.6	46.0	48.0	49.0	53.3	54.6	68.0	79.6	97.1
斧子口水库库区	1.1	12.4	26.9	28.4	33.3	30.0	35.8	40.2	43.8	54.8	62.5	77.1
大溶江灵渠以上（不含斧子口川江）	0.0	0	7.7	12.6	13.1	13.4	13.4	13.4	13.4	15.1	21.4	33.8
大溶江—灵川	0.4	6.2	14.5	15.9	16.8	17.5	17.5	17.5	17.8	20.5	24.2	28.3
城区（含桃花江、部分灵川临桂）	0.4	3.2	4.6	7.4	9.0	9.2	9.2	9.2	9.3	10.6	14.1	15.1
扣除四大水库后流域面雨量	0.3	2.5	7.0	10.3	11.5	11.8	11.8	11.8	11.9	13.5	17.9	23.2
全流域面雨量	1.7	13.1	19.9	22.4	25.2	26.2	26.6	28.7	31.5	37.8	45.0	54.5

降雨区域	累 计 时 段											
	1日9时—22时	1日9时—23时	1日9时至2日0时	1日9时至2日1时	1日9时至2日2时	1日9时至2日3时	1日9时至2日4时	1日9时至2日5时	1日9时至2日6时	1日9时至2日7时	1日9时至2日8时	
青狮潭水库库区	106.6	117.3	121.8	125.2	139.8	155.1	166.9	173.3	178.1	181.9	184.2	
川江水库库区	80.9	95.0	112.2	125.6	141.1	154.8	168.3	173.6	184.4	187.5	192.5	

续表

降雨区域	累 计 时 段										
	1日9时—22时	1日9时—23时	1日9时至2日0时	1日9时至2日1时	1日9时至2日2时	1日9时至2日3时	1日9时至2日4时	1日9时至2日5时	1日9时至2日6时	1日9时至2日7时	1日9时至2日8时
小溶江水库库区	104.8	123.4	136.0	144.6	158.6	174.9	196.5	207.5	225.1	234.5	241.8
斧子口水库库区	95.8	106.0	134.1	154.4	171.7	179.9	209.5	220.2	230.1	243.9	248.0
大溶江灵渠以上（不含斧子口川江）	39.5	42.9	42.9	42.9	44.2	46.9	51.7	55.9	59.0	61.3	61.6
大溶江—灵川	28.8	29.4	29.5	29.5	31.5	35.8	38.9	42.4	45.2	45.9	45.9
城区（含桃花江、部分灵川临桂）	15.3	15.4	15.4	15.5	15.8	17.2	17.4	18.3	18.7	18.8	18.8
扣除四大水库后流域面雨量	25.3	26.5	26.5	26.6	27.5	29.7	31.8	34.2	35.9	36.7	36.9
全流域面雨量	61.1	67.6	75.5	81.2	89.2	96.6	107.5	112.9	118.4	122.9	125.1

图 6.7.7　2021年7月1日9时至2日8时降雨过程降雨量趋势图

　　2）7月2日10时至3日16时的流域累计降雨资料。按"全流域面雨量"时间段分区统计流域内各区域的降雨资料，并按1h时段计算累计流域面雨量，为降雨洪水过程推算准备。本次降雨过程资料成果见表6.7.7和图6.7.8。

表 6.7.7　　2021 年 7 月 2 日 10 时至 3 日 16 时降雨过程降雨量统计表

单位:mm

降雨区域	累计时段									
	2日10—11时	2日10—12时	2日10—13时	2日10—14时	2日10—15时	2日10—16时	2日10—17时	2日10—18时	2日10—19时	2日10—20时
青狮潭水库库区	6.7	7.5	8.1	9.6	9.7	9.7	9.7	11.4	11.4	11.4
川江水库库区	12.3	14.1	15.4	16.7	16.7	16.7	16.7	17.0	17.7	18.1
小溶江水库库区	15.3	16.4	16.8	18.8	18.9	18.9	18.9	20.0	20.0	22.3
斧子口水库库区	10.8	14.2	16.0	17.7	17.8	17.8	17.8	19.3	21.2	21.7
大溶江灵渠以上（不含斧子口川江）	0.2	0.2	0.2	0.9	1.1	1.1	1.5	2.9	2.9	3.0
大溶江—灵川	0.0	0.1	1.3	2.1	2.5	2.5	6.1	6.4	6.4	6.6
城区（含桃花江、部分灵川临桂）	0.0	0.1	1.3	4.9	4.9	7.9	13.0	13.4	13.7	15.8
扣除四大水库后流域面雨量	0.1	0.1	0.9	3.1	3.3	4.9	8.2	8.9	9.1	10.2
全流域面雨量	5.1	6.0	7.0	9.1	9.2	10.1	12.0	13.0	13.5	14.4

续表

降雨区域	累计时段									
	2日10—21时	2日10—22时	2日10—28时	2日10时至3日0时	2日10时至3日1时	2日10时至3日2时	2日10时至3日3时	2日10时至3日4时	2日10时至3日5时	2日10时至3日6时
青狮潭水库库区	11.4	12.7	15.2	16.4	21.7	22.3	22.8	23.7	24.6	24.9
川江水库库区	19.1	20.8	28.3	31.6	37.2	46.1	59.8	61.6	66.7	73.7
小溶江水库库区	23.0	23.3	30.8	34.4	41.4	43.3	44.5	45.0	49.3	50.3
斧子口水库库区	22.5	23.1	28.5	50.4	56.0	76.3	90.8	94.0	97.6	102.1
大溶江灵以上（不含斧子口川江）	3.2	3.3	5.4	9.4	10.3	10.8	11.2	11.2	11.6	11.9
大溶江—灵川	7.1	7.7	8.6	8.8	10.0	10.1	10.1	10.7	10.7	10.7
城区（含桃花江、部分灵川临桂）	17.6	17.6	17.7	17.7	17.7	17.7	17.7	17.7	17.7	18.0
扣除四大水库后流域面雨量	11.3	11.5	12.3	13.7	14.1	14.3	14.5	14.6	14.7	14.9
全流域面雨量	15.3	15.8	18.6	23.8	26.8	39.0	39.2	40.3	41.8	42.2

续表

降雨区域	累计时段									
	2日10时 至 3日7时	2日10时 至 3日8时	2日10时 至 3日9时	2日10时 至 3日10时	2日10时 至 3日11时	2日10时 至 3日12时	2日10时 至 3日13时	2日10时 至 3日14时	2日10时 至 3日15时	2日10时 至 3日16时
青狮潭水库库区	25.1	25.4	29.7	34.6	35.0	37.0	37.6	37.6	37.7	37.9
川江水库库区	74.1	75.3	76.1	77.6	80.1	82.0	82.8	82.9	82.9	82.9
小溶江水库库区	50.3	50.7	52.0	55.2	55.9	58.8	60.2	60.3	60.3	60.3
斧子口水库库区	104.1	103.7	105.6	107.1	107.8.	108.6	109.8	109.8	109.8	109.8
大溶江灵渠以上（不含斧子口川江）	11.9	11.9	11.9	12.1	12.1	12.1	12.5	12.7	17.8	23.2
大溶江—灵川	10.9	11.1	11.1	11.1	11.1	11.2	11.2	11.4	24.1	29.1
城区（含桃花江、部分灵川临桂）	18.2	18.3	18.3	18.3	18.3	18.3	18.3	18.3	23.0	23.4
扣除四大水库后流域面雨量	15.1	15.1	15.1	15.2	15.2	15.2	15.3	15.5	21.4	25.3
全流域域面雨量	39.0	39.2	40.3	41.8	42.2	43.1	43.6	43.7	46.8	48.7

图 6.7.8　2021 年 7 月 2 日 10 时至 3 日 16 时降雨过程降雨量趋势图

3）7 月 4 日 0 时至 4 日 5 时的流域累计降雨资料。按"全流域面雨量"时间段分区统计流域内各区域的降雨资料，并按 1h 时段计算累计流域面雨量，为降雨洪水过程推算准备。本次降雨过程资料成果见表 6.7.8 和图 6.7.9。

表 6.7.8　　2021 年 7 月 4 日 0—5 时降雨过程降雨量统计表　　单位：mm

降雨区域	累　计　时　段				
	4 日 0—1 时	4 日 0—2 时	4 日 0—3 时	4 日 0—4 时	4 日 0—5 时
青狮潭水库库区	0.1	14.6	41.2	43.8	55.6
川江水库库区	0	0.1	15.4	28.8	33.5
小溶江水库库区	0.3	2.1	17.9	47.6	50.9
斧子口水库库区	0.3	5.7	16.6	28.3	38.1
大溶江灵渠以上(不含斧子口川江)	0.7	2.5	8.2	13.5	16.5
大溶江—灵川	1.1	15.4	19.1	26.9	26.9
城区(含桃花江、部分灵川临桂)	8.1	24.7	27.4	28.7	28.7
扣除四大水库后流域面雨量	4.6	16	19.8	23.4	24.5
全流域面雨量	2.7	12.7	23.2	30.9	35.6

图 6.7.9　2021 年 7 月 4 日 0—5 时降雨过程降雨量趋势图

2. 水库调洪后洪水过程推算

本次洪水过程推算相对复杂，包括 3 次降雨过程形成的 3 场洪水过程和四大水库 15 次（其中青狮潭水库 5 次，小溶江水库 6 次，斧子口水库 3 次，川江水库 1 次）不同时间调整排洪流量和后期四大水库关闸蓄洪。该洪水过程是由上述 1.（2）中"扣除四大水库后面雨量"的降雨洪水过程和四大水库蓄洪排洪后综合作用形成的。下面分别计算各洪水过程，最后将它们同步组合叠加起来，形成本次洪水过程，同时与实测洪水过程进行对比分析。

（1）降雨过程形成的洪水过程推算。

1）7 月 1 日 10 时至 2 日 6 时降雨过程形成的洪水过程推算。

从表 6.7.3 可知，本次降雨过程历时 20h，累计降雨量为 35.6mm。由于上游四大水库拦蓄洪水并在洪水过程中人工控制排洪，本次洪水计算的集水面积扣除上游四大水库区域集水面积，即 1583km^2。

因前期降雨土壤含水量饱和，本次洪水计算的降雨径流系数取 0.95；计算区域流域降雨均衡，洪峰历时调整系数为 1；计算断面洪水起涨时间为 7 月 1 日 15 时，起涨水位 143.17m，将表 6.7.3 中"扣除四大水库后流域面雨量"降雨量逐一输入模型（表 6.7.9）中计算洪水过程，直至降雨过程结束，同时生成洪峰测算成果表。具体洪水测算成果见表 6.7.10 和图 6.7.10。

表 6.7.9　7 月 1 日 10 时至 2 日 6 时累计降雨量过程表

历时/h	1	2	3	4	5	6	7	8	9	10	11	12	13	14	15	16	17	18	曲线调整参数
累计降雨量/mm	2.2	6.7	10.0	11.2	11.5	11.5	11.5	11.6	13.2	17.6	22.9	25.0	26.2	26.2	26.3	27.2	29.4	31.5	涨水参数
历时/h	19	20	21	22	23	24	25	26	27	28	29	30	31	32	33	34	35	36	0.7
累计降雨量/mm	33.9	35.6																	退水参数
历时/h	37	38	39	40	41	42	43	44	45	46	47	48	49	50	51	52	53	54	0.6
累计降雨量/mm																			径流系数
历时/h	55	56	57	58	59	60	61	62	63	64	65	66	67	68	69	70	71	72	0.95
累计降雨量/mm																			洪峰历时调整系数
注　1. 累计降雨量为河道洪水计算断面以上流域平均降雨量。 　　2. 如果中间某时段无雨，其累计降雨量一般按前时段累计降雨量 5% 递减计算[连续不小于 2h 降雨量小于 2.5mm 视为无雨；如果连续时段累计降雨量不小于 2.5mm，应在该时段开始逐时段(包括前时段)累加降雨量，最后结束时按实际累计降雨量计算]。 　　3. 曲线调整系数包括：①涨水参数，主要是解决涨水前半部分偏大的问题，在 0.7~1.1 之间；②退水参数，主要是解决退水前半部分偏小的问题，在 0~1 之间；③径流系数，在 0.1~0.95 之间；④洪峰历时调整系数，主要是解决洪峰出现时间的问题，根据降雨的时空分布和降雨过程的特点来确定，在 0.7~1.3 之间。																		1	

图 6.7.10　7 月 1 日 10 时至 2 日 6 时降雨洪水的水位、流量过程线图

表 6.7.10　7月1日10时至2日至6时降雨洪水洪峰成果表

参数	降雨历时/h	降雨量/mm	集水面积/km²	洪水起涨时间 日	时	分	起涨时水位/m	起涨时流量/(m³/s)	径流系数	洪水概化系数	洪水历时调整系数	洪峰历时调整系数
	20	35.6	1583	1	15	0	143.17	439	0.95	1	1.1	1

测算成果	洪水历时系数	洪峰历时系数	洪水历时/h	洪峰出现时间 日	时	分	洪峰水位/m	洪峰流量/(m³/s)	洪水总量/万 m³	备注
	4.587	0.266	91.74	2	15	24	143.85	763	5354	

　　为便于同步流量合成计算和误差对比分析，将图 6.7.10 的流量过程转换成与实测洪水时间相对应的洪水过程流量，其成果见表 6.7.11。

表 6.7.11　7月1日10时至2日6时降雨桂林水文站洪水过程流量表

时间	1日15时	1日16时	1日17时	1日18时	1日19时	1日20时	1日21时	1日22时	1日23时	2日0时	2日1时	2日2时
流量/(m³/s)	439	447	463	479	491	498	501	505	507	512	522	535
时间	2日3时	2日4时	2日5时	2日6时	2日7时	2日8时	2日9时	2日10时	2日11时	2日12时	2日13时	2日14时
流量/(m³/s)	589	631	657	670	678	678	679	683	695	711	727	745
时间	2日15时	2日15时	2日16时	2日17时	2日18时	2日19时	2日19时50分	2日20时	2日21时	2日22时	2日23时	3日0时
流量/(m³/s)	758	763	762	754	738	723	711	709	696	683	672	661
时间	3日1时	3日2时	3日3时	3日4时	3日5时	3日6时	3日7时	3日8时	3日9时	3日10时	3日11时	3日12时
流量/(m³/s)	651	641	632	624	615	608	600	593	587	580	574	569
时间	3日13时	3日14时	3日15时	3日16时	3日17时	3日18时	3日19时	3日20时	3日21时	3日22时	3日23时	4日0时
流量/(m³/s)	563	558	553	548	543	539	534	530	526	522	519	515
时间	4日1时	4日2时	4日3时	4日4时	4日5时	4日6时	4日7时	4日7时5分	4日8时	4日9时	4日10时	4日11时
流量/(m³/s)	509	504	501	498	495	493	490	490	487	485	482	480

续表

时间	4日12时	4日13时	4日14时	4日15时	4日16时	4日17时	4日18时	4日19时	4日20时	4日21时	4日22时	4日23时
流量/(m³/s)	478	476	473	471	469	467	465	463	462	460	458	456
时间	5日0时	5日1时	5日2时	5日3时	5日4时	5日5时	5日6时	5日7时	5日8时	5日9时	5日10时	5日11时
流量/(m³/s)	455	453	451	450	448	447	445	444	443	441	440	439
时间	5日12时	5日13时	5日14时	5日15时	5日16时	5日17时	5日18时	5日19时	5日20时	5日21时	5日22时	5日23时
流量/(m³/s)	437	436	435	434	433	432	430	429	428	427	426	425
时间	6日0时	6日1时	6日2时	6日3时	6日4时	6日5时	6日6时	6日7时	6日8时	6日9时	6日10时	
流量/(m³/s)	424	423	422	421	420	419	418	417	416	415	414	

2）7月2日13时至2日17时降雨形成的洪水过程推算。由表6.7.4可知，本次降雨过程历时4h，累计降雨量为7.3mm。由于上游四大水库拦蓄洪水并在洪水过程中人工控制排洪，本次洪水计算的集水面积扣除上游四大水库的集水面积，即1583km²。

因土壤含水量基本饱和，本次计算洪水降雨径流系数取0.95；计算区域降雨主要集中在城区，本次洪峰历时调整系数取1；计算断面洪水起涨时间为7月2日13时，起涨水位144.09m，将表6.7.4中"扣除四大水库后流域面雨量"降雨量逐一输入模型（表6.7.12）中计算洪水过程，直至降雨过程结束，同时生成洪峰测算成果表。具体成果见表6.7.13和图6.7.11。

表6.7.12　　　　　7月2日13—17时累计降雨量过程表

历时/h	1	2	3	4	5	6	7	8	9	10	11	12	13	14	15	16	17	18	曲线调整参数
累计降雨量/mm	2.2	2.4	4.0	7.3															涨水参数
历时/h	19	20	21	22	23	24	25	26	27	28	29	30	31	32	33	34	35	36	0.7
累计降雨量/mm																			退水参数

续表

历时/h	37	38	39	40	41	42	43	44	45	46	47	48	49	50	51	52	53	54	0.9
累计降雨量/mm																			径流系数
历时/h	55	56	57	58	59	60	61	62	63	64	65	66	67	68	69	70	71	72	0.95
累计降雨量/mm																			洪峰历时调整系数

注　1. 累计降雨量为河道洪水计算断面以上流域平均降雨量。

　　2. 如果中间某时段无雨,其累计降雨量一般按前时段累计降雨量5%递减计算[连续不小于2h降雨量小于2.5mm视为无雨;如果连续时段累计降雨量不小于2.5mm,应在该时段开始逐时段(包括前时段)累加降雨量,最后结束时按实际累计降雨量计算]。

　　3. 曲线调整系数包括:①涨水参数,主要是解决涨水前半部分偏大的问题,在0.7～1.1之间;②退水参数,主要是解决退水前半部分偏小的问题,在0～1之间;③径流系数,在0.1～0.95之间;④洪峰历时调整系数,主要是解决洪峰出现时间的问题,根据降雨的时空分布和降雨过程的特点来确定,在0.7～1.3之间。

（此列：1）

图 6.7.11　7月2日13—17时降雨洪水的水位、流量过程线图

表 6.7.13　　　　　　　　　7月2日13—17时降雨洪水洪峰成果表

参数	降雨历时/h	降雨量/mm	集水面积/km²	洪水起涨时间			起涨时水位/m	起涨时流量/(m³/s)	径流系数	洪水概化系数	洪水历时调整系数	洪峰历时调整系数
				日	时	分						
	4	7.3	1583	2	13	0	144.09	898	0.95	1	1.1	1
测算成果	洪水历时系数	洪峰历时系数	洪峰历时/h	洪峰出现时间			洪峰水位/m	洪峰流量/(m³/s)	洪水总量/万 m³	备　　注		
				日	时	分						
	6.422	0.266	25.69	2	19	50	144.45	1136	1098			

为流量合成计算和误差对比分析，将图 6.7.11 的洪水过程流量转换为与实测洪水时间相对应的洪水过程流量，由于第一场洪水过程包含了河道底水流量，为避免重复计算，本次洪水流量为降雨产生的净流量，即不含河道底水流量，其成果见表 6.7.14。

表 6.7.14　　7 月 2 日 13—17 时降雨桂林水文站洪水过程净流量表

时间	2 日 13 时	2 日 14 时	2 日 15 时	2 日 15 时 24 分	2 日 16 时	2 日 17 时	2 日 18 时	2 日 19 时	2 日 19 时 50 分	2 日 20 时	2 日 21 时	2 日 22 时
流量/(m³/s)	0	24.9	48.7	57.0	69.5	95.9	126	185	237	233	204	176
时间	2 日 23 时	3 日 0 时	3 日 1 时	3 日 2 时	3 日 3 时	3 日 4 时	3 日 5 时	3 日 6 时	3 日 7 时	3 日 8 时	3 日 9 时	3 日 10 时
流量/(m³/s)	148	127	107	92.4	78.7	67.3	55.8	44.3	37.1	30.4	24.7	19.4
时间	3 日 11 时	3 日 12 时	3 日 13 时	3 日 14 时	3 日 15 时	3 日 16 时	3 日 17 时	3 日 18 时	3 日 19 时	3 日 20 时	3 日 21 时	3 日 22 时
流量/(m³/s)	14.5	10.2	6.10	2.50	0	0	0	0	0	0	0	0
时间	3 日 23 时	4 日 0 时	4 日 1 时	4 日 2 时	4 日 3 时	4 日 4 时	4 日 5 时	4 日 6 时	4 日 7 时	4 日 7 时 5 分	4 日 8 时	4 日 9 时
流量/(m³/s)	0	0	0	0	0	0	0	0	0	0	0	0
时间	4 日 10 时	4 日 11 时	4 日 12 时	4 日 13 时	4 日 14 时	4 日 15 时	4 日 16 时	4 日 17 时	4 日 18 时	4 日 19 时	4 日 20 时	4 日 21 时
流量/(m³/s)	0	0	0	0	0	0	0	0	0	0	0	0
时间	4 日 22 时	4 日 23 时	5 日 0 时	5 日 1 时	5 日 2 时	5 日 3 时	5 日 4 时	5 日 5 时	5 日 6 时	5 日 7 时	5 日 8 时	5 日 9 时
流量/(m³/s)	0	0	0	0	0	0	0	0	0	0	0	0
时间	5 日 10 时	5 日 11 时	5 日 12 时	5 日 13 时	5 日 14 时	5 日 15 时	5 日 16 时	5 日 17 时	5 日 18 时	5 日 19 时	5 日 20 时	5 日 21 时
流量/(m³/s)	0	0	0	0	0	0	0	0	0	0	0	0
时间	5 日 22 时	5 日 23 时	6 日 0 时	6 日 1 时	6 日 2 时	6 日 3 时	6 日 4 时	6 日 5 时	6 日 6 时	6 日 7 时	6 日 8 时	6 日 9 时
流量/(m³/s)	0	0	0	0	0	0	0	0	0	0	0	0

注　本表为不含河道底水流量的净流量。

3）7月3日14时至4日4时降雨形成的洪水过程推算。由表6.7.5可知，本次降雨历时14h，累计降雨量为37.3mm。由于上游四大水库拦蓄洪水并在洪水过程中人工控制排洪，本次洪水计算的集水面积扣除上游四大水库的集水面积，即1583km²。

由于土壤含水量基本饱和，本次计算洪水降雨径流系数取0.95；本次降雨过程降雨量中游大上下游小，洪峰历时调整系数取1；计算断面洪水起涨时间为7月3日14时，起涨水位145.60m，将表6.7.5中"扣除四大水库后流域面雨量"降雨量逐一输入模型（表6.7.15）中计算洪水过程，直至降雨过程结束，同时生成洪峰测算成果表。具体成果见表6.7.16和图6.7.12。

表6.7.15　7月3日14时至4日4时累计降雨量过程表

历时/h	1	2	3	4	5	6	7	8	9	10	11	12	13	14	15	16	17	18	曲线调整参数
累计降雨量/mm	5.9	9.8	9.9	9.9	11.7	12.1	12.1	12.3	13.5	13.9	18.5	29.9	33.7	37.3					涨水参数
历时/h	19	20	21	22	23	24	25	26	27	28	29	30	31	32	33	34	35	36	0.7
累计降雨量/mm																			退水参数
历时/h	37	38	39	40	41	42	43	44	45	46	47	48	49	50	51	52	53	54	0.9
累计降雨量/mm																			径流系数
历时/h	55	56	57	58	59	60	61	62	63	64	65	66	67	68	69	70	71	72	0.95
累计降雨量/mm																			洪峰历时调整系数
注 1. 累计降雨量为河道洪水计算断面以上流域平均降雨量。 2. 如果中间某时段不雨，其累计降雨量一般按前时段累计降雨量5%递减计算[连续不小于2h降雨量小于2.5mm视为无雨；如果连续时段累计雨量不小于2.5mm,应在该时段开始逐时段(包括前时段)累加降雨量,最后结束时按实际累计降雨量计算]。 3. 曲线调整系数包括：①涨水参数,主要是解决涨水前半部偏大的问题,在0.7~1.1之间；②退水参数,主要是解决退水前半部分偏小的问题,在0~1之间；③径流系数,在0.1~0.95之间；④洪峰历时调整系数,主要是解决洪峰出现时间的问题,根据降雨的时空分布和降雨过程的特点来确定,在0.7~1.3之间。																			1

图 6.7.12　7 月 3 日 14 时至 4 日 4 时降雨洪水的水位、流量过程线图

表 6.7.16　　　　　7 月 3 日 14 时至 4 日 4 时降雨洪水洪峰成果表

参数	降雨历时/h	降雨量/mm	集水面积/km²	洪水起涨时间			起涨时水位/m	起涨时流量/(m³/s)	径流系数	洪水概化系数	洪水历时调整系数	洪峰历时调整系数
				日	时	分						
	14	37.3	1583	3	14	0	145.6	2000	0.95	1	1.1	1
测算成果	洪水历时系数	洪峰历时系数	洪水历时/h	洪峰出现时间			洪峰水位/m	洪峰流量/(m³/s)	洪水总量/万 m³	备　　注		
				日	时	分						
	4.587	0.266	64.22	4	7	5	146.14	2486	5609			

　　为流量合成计算和误差对比分析，将图 6.7.12 的洪水过程流量转换为与实测洪水时间相对应的洪水过程流量，由于第一场洪水过程包含了河道底水流量，为避免重复计算，本次洪水流量为降雨产生的净流量，即不含河道底水流量，其成果见表 6.7.17。

表 6.7.17　　　7 月 3 日 14 时至 4 日 4 时降雨桂林水文站洪水过程净流量表

单位：mm

时间	3 日 14 时	3 日 15 时	3 日 16 时	3 日 17 时	3 日 18 时	3 日 19 时	3 日 20 时	3 日 21 时	3 日 22 时	3 日 23 时	4 日 0 时	4 日 1 时
流量/(m³/s)	0	32.6	58.3	71.7	76.0	80.6	99.5	117	142	159	163	176
时间	4 日 2 时	4 日 3 时	4 日 4 时	4 日 5 时	4 日 6 时	4 日 7 时	4 日 7 时 5 分	4 日 8 时	4 日 9 时	4 日 10 时	4 日 11 时	4 日 12 时
流量/(m³/s)	180	220	331	404	444	483	486	482	457	445	395	368

续表

时间	4日13时	4日14时	4日15时	4日16时	4日17时	4日18时	4日19时	4日20时	4日21时	4日22时	4日23时	5日0时
流量/(m^3/s)	344	322	301	282	265	248	233	219	206	193	182	171
时间	5日1时	5日2时	5日3时	5日4时	5日5时	5日6时	5日7时	5日8时	5日9时	5日10时	5日11时	5日12时
流量/(m^3/s)	160	151	141	132	124	116	103	93.2	86.9	80.9	75.2	69.7
时间	5日13时	5日14时	5日15时	5日16时	5日17时	5日18时	5日19时	5日20时	5日21时	5日22时	5日23时	6日0时
流量/(m^3/s)	64.5	59.5	50.0	45.6	41.4	37.3	33.3	29.5	25.8	22.3	18.9	15.6
时间	6日1时	6日2时	6日3时	6日4时	6日5时	6日6时	6日7时	6日8时	6日9时	6日10时		
流量/(m^3/s)	12.4	9.3	6.3	3.4	0.6	0	0	0	0	0		

注　本表为不含河道底水流量的净流量。

（2）上游四大水库排洪到达桂林水文站过程流量推算。

1）上游四大水库排洪情况统计。在本次降雨过程中，为确保水库安全运行并对漓江洪水进行调节，上游四大水库不同程度蓄洪排洪，具体排洪情况见表 6.7.18。

表 6.7.18　桂林水文站桂林水文站上游四大水库排洪统计表　单位：m^3/s

时间			青狮潭水库	小溶江水库	斧子口水库	川江水库	合计	备注
日	时	分						
2	11	0	600	0	0	0	600	青狮潭、斧子口、川江到桂林水文站大约 7h，小溶江到桂林水文站大约 6h
2	14	0	600	300	0	0	900	
2	15	0	800	300	0	0	1100	
2	16	0	800	300	300	0	1400	
2	18	0	800	400	300	0	1500	
3	15	0	500	400	300	0	1200	
3	16	0	500	500	300	0	1300	
3	18	0	500	400	300	100	1300	
3	21	0	500	400	400	100	1400	

续表

时间			青狮潭水库	小溶江水库	斧子口水库	川江水库	合计	备注
日	时	分						
4	9	0	500	200	400	100	1200	
4	9	50	300	200	400	100	1000	
4	18	0	100	100	100	100	400	
4	22	0	100	100	100	0	300	
5	7	30	0	0	0	0	0	

注 数据由桂林市水利局在预警中心发布。

2）水库排洪到达桂林水文站过程流量的推算。水库排洪从开始到结束传导到某个断面会形成一个洪水过程，其过程包括起涨阶段、持续阶段、退水阶段，本次计算水库排洪到桂林水文站断面（从表6.7.1中查 $2762km^2$ 对应数值可得）起涨阶段历时为3.64h，退水阶段历时为9.76h。

青狮潭、斧子口、川江水库排洪到达桂林水文站的传导时间为7h；小溶江水库排洪到达桂林水文站的传导时间为6h。现根据表6.7.18各水库排洪时间及流量、起涨历时、退水历时、传导时间推算各水库排洪后到达桂林水文站的过程流量，其成果见表6.7.19。

表6.7.19　　　　上游四大水库排洪到达桂林水文站过程流量表

单位：m^3/s

时 间	2日18时	2日19时	2日19时50分	2日20时	2日21时	2日22时	2日23时	3日0时	3日1时	3日2时	3日3时	3日4时
青狮潭排洪量	0	165	302	330	495	600	655	710	765	800	800	800
小溶江排洪量	0	0	0	0	82.4	165	247	300	328	355	382	400
斧子口排洪量	0	0	0	0	0	0	0	82.4	165	247	300	300
川江排洪量	0	0	0	0	0	0	0	0	0	0	0	0
时 间	3日5时	3日6时	3日7时	3日8时	3日9时	3日10时	3日11时	3日12时	3日13时	3日14时	3日15时	3日16时
青狮潭排洪量	800	800	800	800	800	800	800	800	800	800	800	800
小溶江排洪量	400	400	400	400	400	400	400	400	400	400	400	400
斧子口排洪量	300	300	300	300	300	300	300	300	300	300	300	300

续表

时　间	3日5时	3日6时	3日7时	3日8时	3日9时	3日10时	3日11时	3日12时	3日13时	3日14时	3日15时	3日16时
川江排洪量	0	0	0	0	0	0	0	0	0	0	0	0

时　间	3日17时	3日18时	3日19时	3日20时	3日21时	3日22时	3日23时	4日0时	4日1时	4日2时	4日3时	4日4时
青狮潭排洪量	800	800	800	800	800	800	770	739	708	677	647	616
小溶江排洪量	400	400	400	400	400	400	428	455	444.7	434	424	414
斧子口排洪量	300	300	300	300	300	300	300	300	300	300	300	300
川江排洪量	0	0	0	0	0	0	0	0	0	27.5	54.9	82.4

时　间	4日5时	4日6时	4日7时	4日7时5分	4日8时	4日9时	4日10时	4日11时	4日12时	4日13时	4日14时	4日15时
青狮潭排洪量	586	554	524	521	500	500	500	500	500	500	500	500
小溶江排洪量	404	400	400	400	400	400	400	400	400	400	400	400
斧子口排洪量	328	355	382	400	400	400	400	400	400	400	400	400
川江排洪量	100	100	100	100	100	100	100	100	100	100	100	100

时间	4日16时	4日17时	4日18时	4日19时	4日20时	4日21时	4日22时	4日23时	5日0时	5日1时	5日2时	5日3时
青狮潭排洪量	500	498	488	478	467	457	447	437	426	400	380	359
小溶江排洪量	380	360	338	318	298	278	256	236	216	200	190	180
斧子口排洪量	400	400	400	400	400	400	400	400	400	400	370	339
川江排洪量	100	100	100	100	100	100	100	100	100	100	100	100

续表

时 间	5日 4时	5日 5时	5日 6时	5日 7时	5日 8时	5日 9时	5日 10时	5日 11时	5日 12时	5日 13时	5日 14时	5日 15时
青狮潭排洪量	339	318	298	277	257	236	216	200	200	200	200	190
小溶江排洪量	169	159	149	139	128	118	108	100	100	100	94.9	84.7
斧子口排洪量	308	277	247	216	185	154	123.75	100	100	100	100	94.9
川江排洪量	100	100	89.8	79.5	69.3	59.0	48.8	38.5	28.3	18.0	7.75	0
时 间	5日 16时	5日 17时	5日 18时	5日 19时	5日 20时	5日 21时	5日 22时	5日 23时	6日 0时	6日 1时	6日 2时	6日 3时
青狮潭排洪量	170	149	129	108	87.6	67.1	46.6	26.1	5.59	0	0	0
小溶江排洪量	74.4	64.2	53.9	43.7	33.4	23.2	12.9	2.65	0	0	0	0
斧子口排洪量	84.7	74.4	64.2	53.9	43.7	33.4	23.2	12.9	2.65	0	0	0
川江排洪量	0	0	0	0	0	0	0	0	0	0	0	0

（3）水库调节综合洪水过程推算。水库调节后的综合洪水过程推算，包括扣除流域内水库集水面积的区域（流域集水面积-水库集水面积）降雨形成的洪水过程和水库排洪形成的洪水过程两大块，前者是天然降雨形成自然洪水，后者是蓄水工程人为控制下的人工洪水，因形成洪水过程的原因不同，在计算方法和数据处理上也有所不同。

本次洪水过程的形成由3次降雨过程形成的3场洪水过程和四大水库排洪形成的4场人工洪水过程叠加后形成。

7月1—6日的洪水过程是由本节中（1）、（2）测算出的洪水过程相互叠加作用的结果，本次推算以（1）中的1）推算出的洪水过程流量（表6.7.11）为基础，叠加（1）中的2）（表6.4.14）、（1）中的3）（表6.7.17）、（2）中的2）（表6.7.19）洪水过程净流量，将相应时间流量叠加后推算出1—6日的洪水过程。具体成果见表6.7.20、图6.7.13、图6.7.14。

表 6.7.20　桂林水文站实测、测算洪水过程成果及误差分析表

时间	1日15时	1日16时	1日17时	1日18时	1日19时	1日20时	1日21时	1日22时	1日23时	2日0时	2日1时	2日2时
实测水位/m	143.17	143.18	143.21	143.24	143.30	143.37	143.41	143.46	143.49	143.50	143.52	143.54
实测流量/(m³/s)	439	443	455	467	492	524	542	565	578	583	593	603
1 日 10 时至 2 日 6 时降雨洪水测算流量/(m³/s)	439	447	463	479	491	498	501	505	507	512	522	535
2 日 13—17 时降雨洪水测算流量/(m³/s)												
3 日 14 时至 4 日 4 时降雨洪水测算流量/(m³/s)												
青狮潭水库排洪后过程流量/(m³/s)	0	0	0	0	0	0	0	0	0	0	0	0
小溶江水库排洪后过程流量/(m³/s)	0	0	0	0	0	0	0	0	0	0	0	0
斧子口水库排洪后过程流量/(m³/s)	0	0	0	0	0	0	0	0	0	0	0	0
川江水库排洪后过程流量/(m³/s)	0	0	0	0	0	0	0	0	0	0	0	0
综合测算后流量/(m³/s)	439	447	463	479	491	498	501	505	507	512	522	535
综合测算后水位/m	143.17	143.19	143.23	143.27	143.30	143.31	143.32	143.33	143.33	143.34	143.37	143.39
水位误差/cm	0	1	2	3	0	−6	−9	−13	−16	−16	−15	−15
流量误差/%	0	0.90	1.76	2.57	−0.20	−4.96	−7.56	−10.62	−12.28	−12.18	−11.97	−11.28

续表

时间	2日3时	2日4时	2日5时	2日6时	2日7时	2日8时	2日9时	2日10时	2日11时	2日12时	2日13时	2日14时
实测水位/m	143.57	143.62	143.66	143.70	143.76	143.84	143.91	143.97	144.02	144.06	144.09	144.10
实测流量/(m³/s)	618	644	664	684	716	758	795	828	856	880	898	904
1日10时至2日6时降雨洪水测算流量/(m³/s)	589	631	657	670	678	678	679	683	695	711	727	745
2日13—17时降雨洪水测算流量/(m³/s)											0	24.9
3日14时至4日4时降雨洪水测算流量/(m³/s)												
青狮潭水库排洪后过程流量/(m³/s)	0	0	0	0	0	0	0	0	0	0	0	0
小溶江水库排洪后过程流量/(m³/s)	0	0	0	0	0	0	0	0	0	0	0	0
斧子口水库排洪后过程流量/(m³/s)	0	0	0	0	0	0	0	0	0	0	0	0
川江水库排洪后过程流量/(m³/s)	0	0	0	0	0	0	0	0	0	0	0	0
综合测算后流量/(m³/s)	589	631	657	670	678	678	679	683	695	711	727	770
综合测算后水位/m	143.51	143.60	143.65	143.67	143.69	143.69	143.69	143.70	143.72	143.75	143.78	143.86
水位误差/cm	-6	-2	-1	-3	-7	-15	-22	-27	-30	-31	-31	-24
流量误差/%	-4.69	-2.02	-1.05	-2.05	-5.31	-10.55	-14.59	-17.51	-18.81	-19.20	-19.04	-14.83

续表

时间	2日15时	2日15时24分	2日16时	2日17时	2日18时	2日19时	2日19时50分	2日20时	2日21时	2日22时	2日23时	3日0时
实测水位/m	144.11	144.12	144.13	144.26	144.46	144.65	144.7	144.78	144.9	145.03	145.17	145.31
实测流量/(m³/s)	910	916	922	1000	1140	1270	1310	1360	1450	1540	1650	1750
1日10时至2日6时降雨洪水测算流量/(m³/s)	758	763	762	754	738	723	711	709	696	683	672	661
2日13—17时降雨洪水测算流量/(m³/s)	48.7	57.0	69.5	95.9	126	185	237	233	204	176	148	127
3日14时至4日4时降雨洪水测算流量/(m³/s)												
青狮潭水库排洪后过程流量/(m³/s)	0	0	0	0	0	165	302	330	495	600	655	710
小溶江水库排洪后过程流量/(m³/s)	0	0	0	0	0	0	0	0	82	165	247	300
斧子口水库排洪后过程流量/(m³/s)	0	0	0	0	0	0	0	0	0	0	0	82
川江水库排洪后过程流量/(m³/s)	0	0	0	0	0	0	0	0	0	0	0	0
综合测算流量/(m³/s)	807	820	832	850	864	1073	1250	1272	1477	1624	1722	1880
综合测算后水位/m	143.93	143.98	143.98	144.01	144.03	144.37	144.62	144.65	144.94	145.14	145.27	145.27
水位误差/cm	−18	−16	−15	−25	−43	−28	−8	−13	4	11	10	−4
流量误差/%	−11.35	−10.48	−9.82	−15.01	−24.21	−15.51	−4.58	−6.47	1.89	5.45	4.36	7.45

续表

时间	3日1时	3日2时	3日3时	3日4时	3日5时	3日6时	3日7时	3日8时	3日9时	3日10时	3日11时	3日12时
实测水位/m	145.44	145.55	145.62	145.67	145.70	145.71	145.71	145.69	145.68	145.67	145.64	145.65
实测流量/(m³/s)	1860	1960	2020	2060	2080	2090	2090	2070	2060	2060	2030	2040
1日10时至2日6时降雨洪水测算流量/(m³/s)	651	641	632	624	615	608	600	593	587	580	574	569
2日13—17时降雨洪水测算流量/(m³/s)	107	92.4	78.7	67.3	55.8	44.3	37.1	30.4	24.7	19.4	14.5	10.2
3日14至4日4时降雨洪水测算流量/(m³/s)												
青狮嘴水库排洪后过程流量/(m³/s)	765	800	800	800	800	800	800	800	800	800	800	800
小溶江水库排洪后过程流量/(m³/s)	328	355	382	400	400	400	400	400	400	400	400	400
斧子口水库排洪后过程流量/(m³/s)	165	247	300	300	300	300	300	300	300	300	300	300
川江水库排洪后过程流量/(m³/s)	0	0	0	0	0	0	0	0	0	0	0	0
综合测算后流量/(m³/s)	2016	2135	2193	2191	2171	2152	2137	2123	2112	2099	2089	2079
综合测算后水位/m	145.62	145.76	145.83	145.82	145.80	145.78	145.76	145.75	145.74	145.72	145.71	145.70
水位误差/cm	18	21	21	15	10	7	5	6	6	5	7	5
流量误差/%	8.36	3.94	8.57	6.37	4.37	2.98	2.25	2.58	2.51	1.91	2.88	1.92

续表

时间	3日13时	3日14时	3日15时	3日16时	3日17时	3日18时	3日19时	3日20时	3日21时	3日22时	3日23时	4日0时
实测水位/m	145.60	145.60	145.61	145.62	145.62	145.64	145.64	145.62	145.59	145.55	145.54	145.50
实测流量/(m³/s)	2000	2000	2010	2010	2010	2030	2030	2020	1990	1960	1950	1910
1日10时至2日6时降雨洪水测算流量/(m³/s)	563	558	553	548	543	539	534	530	526	522	519	515
2日13—17时降雨洪水测算流量/(m³/s)	6.1	2.5	0	0	0	0	0	0	0	0	0	0
3日14时至4日4时降雨洪水测算流量/(m³/s)	0	0	32.6	58.3	71.7	76.0	80.6	99.5	117	142	159	163
青狮潭水库排洪后过程流量/(m³/s)	800	800	800	800	800	800	800	800	800	800	770	739
小溶江水库排洪后过程流量/(m³/s)	400	400	400	400	400	400	400	400	400	400	428	455
斧子口水库排洪后过程流量/(m³/s)	300	300	300	300	300	300	300	300	300	300	300	300
川江水库排洪后过程流量/(m³/s)	0	0	0	0	0	0	0	0	0	0	0	0
综合测算流量/(m³/s)	2069	2061	2086	2106	2115	2115	2115	2130	2143	2164	2176	2172
综合测算后水位/m	145.69	145.68	145.71	145.73	145.74	145.74	145.74	145.76	145.77	145.79	145.81	145.80
水位误差/cm	9	8	10	11	12	10	10	14	18	24	27	30
流量误差/%	3.46	3.03	3.76	4.79	5.21	4.19	4.17	5.42	7.69	10.41	11.56	13.71

续表

时　间	4日1时	4日2时	4日3时	4日4时	4日5时	4日6时	4日7时	4日7时5分	4日8时	4日9时	4日10时	4日11时
实测水位/m	145.47	145.49	145.51	145.54	145.58	145.64	145.70	145.70	145.75	145.80	145.82	145.84
实测流量/(m³/s)	1880	1900	1920	1950	1980	2030	2080	2080	2130	2170	2190	2210
1日10时至2日6时降雨洪水测算流量/(m³/s)	509	504	501	498	495	493	490	490	487	485	482	480
2日13—17时降雨洪水测算流量/(m³/s)	0	0	0	0	0	0	0	0	0	0	0	0
3日14至4日4时降雨洪水测算流量/(m³/s)	176	180	220	331	404	444	483	486	482	457	445	395
青狮潭水库排洪后过程流量/(m³/s)	708	677	647	616	586	554	524	521	500	500	500	500
小溶江水库排洪后过程流量/(m³/s)	445	434	424	414	404	400	400	400	400	400	400	400
斧子口水库排洪后过程流量/(m³/s)	300	300	300	300	328	355	382	400	400	400	400	400
川江水库排洪后过程流量/(m³/s)	0	28	55	82	100	100	100	100	100	100	100	100
综合测算后流量/(m³/s)	2138	2123	2147	2241	2316	2346	2379	2397	2369	2342	2327	2275
综合测算后水位/m	145.76	145.75	145.77	145.88	145.96	146.00	146.03	146.05	146.02	145.99	145.97	145.92
水位误差/cm	29	26	26	34	38	36	33	30	22	17	13	8
流量误差/%	13.71	11.73	11.81	14.94	16.96	15.57	14.38	15.24	11.22	7.93	6.26	2.94

时　间	4日12时	4日13时	4日14时	4日15时	4日16时	4日17时	4日18时	4日19时	4日20时	4日21时	4日22时	4日23时
实测水位/m	145.84	145.83	145.80	145.75	145.65	145.59	145.54	145.49	145.45	145.43	145.38	145.32
实测流量/(m³/s)	2210	2200	2170	2130	2040	1990	1950	1900	1860	1850	1800	1760
1日10时至2日6时降雨洪水测算流量/(m³/s)	478	476	473	471	469	467	465	463	462	460	458	456
2日13—17时降雨洪水测算流量/(m³/s)	0	0	0	0	0	0	0	0	0	0	0	0
3日14时至4日4时降雨洪水测算流量/(m³/s)	368	344	322	301	282	265	248	233	219	206	193	182
青狮潭水库排洪后过程流量/(m³/s)	500	500	500	500	500	497	477	456	436	415	395	374
小溶江水库排洪后过程流量/(m³/s)	400	400	400	400	380	360	338	318	298	278	256	236
斧子口水库排洪后过程流量/(m³/s)	400	400	400	400	400	400	400	400	400	400	400	400
川江水库排洪后过程流量/(m³/s)	100	100	100	100	100	100	100	100	100	100	100	100
综合测算后流量/(m³/s)	2246	2220	2195	2172	2131	2089	2028	1970	1915	1859	1802	1748
综合测算后水位/m	145.88	145.86	145.83	145.80	145.76	145.71	145.64	145.57	145.51	145.44	145.38	145.30
水位误差/cm	5	6	8	15	17	17	15	12	8	6	6	-2
流量误差/%	1.63	0.91	1.15	1.97	4.45	4.95	4.02	3.68	2.95	0.46	0.13	-0.68

续表

时间	5日0时	5日1时	5日2时	5日3时	5日4时	5日5时	5日6时	5日7时	5日8时	5日9时	5日10时	5日11时
实测水位/m	145.20	145.05	144.87	144.68	144.53	144.41	144.31	144.24	144.15	144.10	144.06	144.04
实测流量/(m³/s)	1670	1560	1430	1290	1190	1100	1030	988	934	904	880	868
1日10时至2日6时降雨洪水测算流量/(m³/s)	455	453	451	450	448	447	445	444	443	441	440	439
2日13—17时降雨洪水测算流量/(m³/s)	0	0	0	0	0	0	0	0	0	0	0	0
3日14日4时降雨洪水测算流量/(m³/s)	171	160	151	141	132	124	116	103	93	87	81	75
青狮潭水库排洪后过程流量/(m³/s)	354	300	280	259	239	218	198	177	157	136	116	100
小溶江水库排洪后过程流量/(m³/s)	216	200	190	180	169	159	149	139	128	118	108	100
斧子口水库排洪后过程流量/(m³/s)	400	400	370	339	308	277	247	216	185	154	124	100
川江水库排洪后过程流量/(m³/s)	100	100	100	100	100	100	89.8	79.5	69.3	59.0	48.8	38.5
综合测算后流量/(m³/s)	1696	1613	1542	1469	1396	1325	1245	1158	1076	995	917	853
综合测算后水位/m	145.24	145.12	145.02	144.93	144.83	144.73	144.61	144.49	144.37	144.25	144.11	144.02
水位误差/cm	4	7	15	25	30	32	30	25	22	15.00	5.20	-2.00
流量误差/%	1.54	3.40	7.82	13.84	17.34	20.45	20.83	17.21	15.18	10.06	4.26	-1.76

续表

时间	5日12时	5日13时	5日14时	5日15时	5日16时	5日17时	5日18时	5日19时	5日20时	5日21时	5日22时	5日23时
实测水位/m	144.00	143.95	143.85	143.73	143.61	143.48	143.37	143.25	143.17	143.09	143.05	143.02
实测流量/(m³/s)	844	817	763	700	639	574	524	471	439	406	390	377
1日10时至2日6时降雨洪水测算流量/(m³/s)	437	436	435	434	433	432	430	429	428	427	426	425
2日13—17时降雨洪水测算流量/(m³/s)	0	0	0	0	0	0	0	0	0	0	0	0
3日14时至4日4时降雨洪水测算流量/(m³/s)	69.7	64.5	59.5	50.0	45.6	41.4	37.3	33.3	29.5	25.8	22.3	18.9
青狮潭水库排洪后过程流量/(m³/s)	100	100	100	94.9	84.7	74.4	64.2	53.9	43.7	33.4	23.2	12.9
小溶江水库排洪后过程流量/(m³/s)	100	100	94.9	84.7	74.4	64.2	53.9	43.7	33.4	23.2	12.9	2.7
斧子口水库排洪后过程流量/(m³/s)	100	100	100	94.9	84.7	74.4	64.2	53.9	43.7	33.4	23.2	12.9
川江水库排洪后过程流量/(m³/s)	28	18	8	0	0	0	0	0	0	0	0	0
综合测算流量/(m³/s)	835	819	797	759	722	686	650	614	578	543	508	472
综合测算后水位/m	143.98	143.95	143.91	143.84	143.77	143.70	143.63	143.56	143.49	143.41	143.34	143.25
水位误差/cm	-2	0	6	11	16	22	26	31	32	32	29	23
流量误差/%	-1.07	0.18	4.48	8.36	13.05	19.58	23.97	30.32	31.73	33.69	30.15	25.29

续表

时间	6日0时	6日1时	6日2时	6日3时	6日4时	6日5时	6日6时	6日7时	6日8时	6日9时	6日10时
实测水位/m	143.01	143.01	143.01	143.00	142.98	142.98	142.96	142.95	142.93	142.91	142.88
实测流量/(m³/s)	373	373	373	369	362	362	355	351	345	339	327
1日10时至2日6时降雨洪水测算流量/(m³/s)	424	423	422	421	420	419	418	417	416	415	414
2日13—17时降雨洪水测算流量/(m³/s)	0	0	0	0	0	0	0	0	0	0	0
3日14时至4日4时降雨洪水测算流量/(m³/s)	15.6	12.4	9.30	6.30	3.40	0.60	0	0	0	0	0
青狮潭水库排洪后过程流量/(m³/s)	3	0	0	0	0	0	0	0	0	0	0
小溶江水库排洪后过程流量/(m³/s)	0	0	0	0	0	0	0	0	0	0	0
斧子口水库排洪后过程流量/(m³/s)	3	0	0	0	0	0	0	0	0	0	0
川江水库排洪后过程流量/(m³/s)	0	0	0	0	0	0	0	0	0	0	0
综合测算后流量/(m³/s)	445	435	431	427	423	420	418	417	416	415	414
综合测算后水位/m	143.19	143.16	143.15	143.14	143.13	143.12	143.12	143.12	143.11	143.11	143.11
水位误差/cm	18	15	14	14	15	14	16	17	18	20	23
流量误差/%	19.28	16.73	15.63	15.80	16.96	15.91	17.75	18.80	20.58	22.42	26.61

注 1. 水位误差＝综合测算后水位－实测水位。
2. 流量误差＝(综合测算后流量－实测流量)/实测流量。

图 6.7.13　2021 年 7 月 1—6 月桂林水文站实测、测算洪水水位过程线图

图 6.7.14　2021 年 7 月 1—6 日桂林水文站实测、测算洪水流量过程线图

3. 无水库调节洪水过程推算

这里的无水库调节是指上游四大水库自然排洪（堰顶高程以上水位无闸门自然排洪）或者上游四大水库不存在天然河道，这种全流域降雨推算洪水过程的意义在于：可以还原全流域（2762km²）降雨在无水库调节下的天然洪水过程，同时和实测（或测算）洪水过程对比分析，可以分析计算出水库对洪水的调控作用，发现水库在洪水调度过程中的不足，为类似情况下水库洪水调度提供修正方案，确保水库工程安全运行，保障下游河

道行洪安全。

本次全流域降雨历时共分为 3 次相对集中的降雨过程，共产生 3 场降雨洪水过程，具体降雨洪水推算过程如下。

(1) 7月1日9时至2日8时降雨形成的洪水过程推算。由表 6.7.6 可知，本次降雨历时 23h，累计面降雨量为 125.1mm。洪水计算集水面积为桂林水文站以上全流域集水面积，即 2762km²。

由于前期降雨土壤含水量饱和，本次计算洪水降雨径流系数取 0.95；本次降雨过程强降雨区在上游库区，中下游区域雨量较小，洪峰历时调整系数取 0.9；计算断面洪水起涨时间为 7 月 1 日 15 时，起涨水位 143.17m，将表 6.7.6 中"全流域面雨量"降雨量逐一输入模型（表 6.7.21）中计算洪水过程，直至降雨过程结束，同时生成洪峰测算成果表。具体成果见表 6.7.22 和图 6.7.15。

表 6.7.21　　7月1日9时至2日8时累计降雨量过程表

历时/h	1	2	3	4	5	6	7	8	9	10	11	12	13	14	15	16	17	18	曲线调整参数
累计降雨量/mm	1.7	13.1	19.9	22.4	25.2	26.2	26.6	28.7	31.5	37.8	45.0	54.5	61.1	67.6	75.5	81.2	89.2	96.6	涨水参数
历时/h	19	20	21	22	23	24	25	26	27	28	29	30	31	32	33	34	35	36	0.7
累计降雨量/mm	107.5	112.9	118.4	122.9	125.1														退水参数
历时/h	37	38	39	40	41	42	43	44	45	46	47	48	49	50	51	52	53	54	0.5
累计降雨量/mm																			径流系数
历时/h	55	56	57	58	59	60	61	62	63	64	65	66	67	68	69	70	71	72	0.95
累计降雨量/mm																			洪峰历时调整系数

注　1. 累计降雨量为河道洪水计算断面以上流域平均降雨量。

　2. 如果中间某时段无雨，其累计降雨量一般按前时段累计降雨量 5% 递减计算[连续不小于 2h 雨量小于 2.5mm 视为无雨；如果连续时段累计降雨量不小于 2.5mm，应在该时段开始逐时段(包括前时段)累加降雨量，最后结束时按实际累计降雨量计算]。

　3. 曲线调整系数包括：①涨水参数，主要是解决涨水前半部分偏大的问题，在 0.7～1.1 之间；②退水参数，主要是解决退水前半部分偏小的问题，在 0～1 之间；③径流系数，在 0.1～0.95 之间；④洪峰历时调整系数，主要是解决洪峰出现时间的问题，根据降雨的时空分布和降雨过程的特点来确定，在 0.7～1.3 之间。

（注3右侧栏内数值：0.9）

图 6.7.15　7 月 1 日 9 时至 2 日 8 时降雨洪水的水位、流量过程线图

表 6.7.22　　　　　7 月 1 日 9 时至 2 日 8 时降雨洪水洪峰成果表

参数	降雨历时/h	降雨量/mm	集水面积/km²	洪水起涨时间			起涨时水位/m	起涨时流量/(m³/s)	径流系数	洪水概化系数	洪水历时调整系数	洪峰历时调整系数
				日	时	分						
	23	125.1	2762	1	15	0	143.17	439	0.95	1	1.1	0.9
测算成果	洪水历时系数	洪峰历时系数	洪水历时/h	洪峰出现时间			洪峰水位/m	洪峰流量/(m³/s)	洪水总量/万 m³	备　注		
				日	时	分						
	4.788	0.2448	110.12	2	17	57	145.72	2096	32825			

为便于同步流量合成计算和误差对比分析，将图 6.7.15 的流量过程转换成与实测（测算）洪水时间相对应的洪水过程流量，其成果见表 6.7.23。

（2）7 月 2 日 10 时至 3 日 16 时降雨形成的洪水过程推算。由表 6.7.7 可知，本次降雨过程历时 30h，累计面降雨量为 48.7mm。计算洪水的集水面积为桂林水文站以上全流域集水面积，即 2762km²。

由于土壤含水量基本饱和，本次计算洪水降雨径流系数取 0.95；尽管这次降雨过程上游库区降雨量比中下游大，但降雨过程从上游往下游移动，故洪峰历时调整系数取 1；计算断面洪水起涨时间为 7 月 2 日 10 时，起涨水位 145.02m，将表 6.7.7 中"全流域面雨量"降雨量逐一输入编制好的程序（表 6.7.24）中计算洪水过程，直至降雨过程结束，同时生成洪峰测算成果表。见表 6.7.25 和图 6.7.16。

表 6.7.23

7月1日9时至2日8时降雨桂林水文站洪水过程流量表

时间	1日15时	1日16时	1日17时	1日18时	1日19时	1日20时	1日21时	1日22时	1日23时	2日0时	2日1时	2日2时
流量/(m³/s)	439	449	507	558	589	610	636	647	662	682	708	764
时间	2日3时	2日4时	2日5时	2日6时	2日7时	2日8时	2日9时	2日10时	2日11时	2日12时	2日13时	2日14时
流量/(m³/s)	850	941	1148	1231	1305	1387	1466	1537	1627	1711	1830	1908
时间	2日15时24分	2日16时	2日17时4分	2日17时57分	2日18时	2日19时	2日19时50分	2日20时	2日21时	2日22时	2日23时	
流量/(m³/s)	1969	1994	2027	2073	2096	2096	2084	2030	2018	1946	1879	1816
时间	3日0时	3日1时	3日2时	3日3时	3日4时	3日5时	3日6时	3日7时	3日8时	3日9时	3日10时	3日11时
流量/(m³/s)	1758	1702	1650	1601	1554	1510	1468	1428	1390	1354	1319	1287
时间	3日12时	3日13时	3日14时	3日15时	3日16时	3日17时	3日18时	3日19时	3日20时	3日21时	3日22时	3日23时
流量/(m³/s)	1256	1226	1197	1169	1143	1117	1093	1070	1047	1025	1004	984
时间	4日0时	4日1时4分	4日2时	4日3时	4日4时	4日5时	4日6时	4日7时5分	4日8时	4日9时		
流量/(m³/s)	965	946	928	910	893	877	861	844	831	816		
时间	4日9时9分	4日10时	4日11时	4日12时	4日13时	4日14时	4日15时	4日16时	4日17时	4日18时	4日19时	4日20时
流量/(m³/s)	814	802	788	761	747	735	724	712	701	691	680	670
时间	4日21时	4日22时	4日23时	5日0时	5日1时	5日2时	5日3时	5日4时	5日5时	5日6时	5日7时	5日8时
流量/(m³/s)	660	651	641	632	623	615	606	598	590	582	574	567
时间	5日9时	5日10时	5日11时	5日12时	5日13时	5日14时	5日15时	5日16时	5日17时	5日18时	5日19时	5日20时
流量/(m³/s)	559	552	545	538	531	525	518	512	506	499	493	488
时间	5日21时	5日22时	5日23时	6日0时	6日1时	6日2时	6日3时	6日4时	6日5时	6日6时	6日7时	6日8时
流量/(m³/s)	482	476	471	465	460	455	450	445	440	435	430	425
时间	6日9时	6日10时										
流量/(m³/s)	421	416										

表 6.7.24　7 月 2 日 10 时至 3 日 16 时累计降雨量过程表

历时/h	1	2	3	4	5	6	7	8	9	10	11	12	13	14	15	16	17	18	曲线调整参数
累计降雨量/mm	5.1	6.0	7.0	9.1	9.2	10.1	12.0	13.0	13.5	14.4	15.3	15.8	18.6	23.8	26.8	31.2	34.7	35.6	涨水参数
历时/h	19	20	21	22	23	24	25	26	27	28	29	30	31	32	33	34	35	36	0.7
累计降雨量/mm	37.1	38.5	39.0	39.2	40.3	41.8	42.2	43.1	43.6	43.7	46.8	48.7							退水参数
历时/h	37	38	39	40	41	42	43	44	45	46	47	48	49	50	51	52	53	54	0.4
累计降雨量/mm																			径流系数
历时/h	55	56	57	58	59	60	61	62	63	64	65	66	67	68	69	70	71	72	0.95
累计降雨量/mm																			洪峰历时调整系数

注　1. 累计降雨量为河道洪水计算断面以上流域平均降雨量。

2. 如果中间某时段无雨，其累计降雨量一般按前时段累计降雨量 5% 递减计算[连续不小于 2h 降雨量小于 2.5mm 视为无雨；如果连续时段累计降雨量不小于 2.5mm，应在该时段开始逐时段(包括前时段)累加降雨量，最后结束时按实际累计降雨量计算]。

3. 曲线调整系数包括：①涨水参数，主要是解决涨水前半部分偏大的问题，在 0.7～1.1 之间；②退水参数，主要是解决退水前半部分偏小的问题，在 0～1 之间；③径流系数，在 0.1～0.95 之间；④洪峰历时调整系数，主要是解决洪峰出现时间的问题，根据降雨的时空分布和降雨过程的特点来确定，在 0.7～1.3 之间。　　　　1

表 6.7.25　7 月 2 日 10 时至 3 日 16 时降雨洪水洪峰成果表

参数	降雨历时/h	降雨量/mm	集水面积/km²	洪水起涨时间			起涨时水位/m	起涨时流量/(m³/s)	径流系数	洪水概化系数	洪水历时调整系数	洪峰历时调整系数
				日	时	分						
	30	48.7	2762	2	10	0	142.02	1534	0.95	1	1.1	1
测算成果	洪水历时系数	洪峰历时系数	洪水历时/h	洪峰出现时间			洪峰水位/m	洪峰流量/(m³/s)	洪水总量/万 m³	备　　　注		
				日	时	分						
	4.788	0.272	143.64	4	1	4	145.64	2029	12778			

图6.7.16　7月2日10时至3日16时降雨洪水的水位、流量过程线图

为了同步流量合成计算和误差对比分析，将图6.7.16的洪水过程流量转换为与实测洪水时间相对应的洪水过程流量，由于第一场洪水过程包含了河道底水流量，为避免重复计算，本次洪水流量为降雨产生的净流量，即不含河道底水流量，其成果见表6.7.26。

（3）7月4日0时至4日5时降雨形成的洪水过程推算。从表6.7.8可知，本次降雨过程历时5h，累计面降雨量为35.6mm。计算洪水的集水面积为桂林水文站以上全流域集水面积，即2762km²。

由于土壤含水量基本饱和，本次计算洪水降雨径流系数取0.95；尽管本次降雨过程先下游后上游，因降雨历时比较短，对洪峰历时影响不大，故洪峰历时调整系数取1；计算断面洪水起涨时间为7月4日10时，起涨水位144.94m，将表6.7.8中"全流域面雨量"降雨量逐一输入编制好的程序（表6.7.27）中计算洪水过程，直至降雨过程结束，同时生成洪峰测算成果表。具体成果见表6.7.28和图6.7.17。

为了同步流量合成计算和误差对比分析，将图6.7.17的洪水过程流量转换为与实测洪水时间相对应的洪水过程流量，由于第一场洪水过程包含了河道底水流量，为避免重复计算，本次洪水流量为降雨产生的净流量，即不含河道底水流量，其成果见表6.7.29。

（4）无水库调节综合洪水过程推算。由于无水库工程调蓄洪水，天然状态下河道洪水完全由全流域降雨形成。本次测算的洪水过程由3次降雨过程形成的3场洪水过程叠加而成。

表 6.7.26 7月2日10时至3日16时降雨桂林水文站洪水过程净流量表

时间											
2日10时	2日11时	2日12时	2日13时	2日14时	2日15时	2日15时24分	2日16时	2日17时	2日17时57分	2日18时	2日19时
流量/(m³/s)											
0	20.2	29.1	33.3	38.3	47.6	49.7	50.4	54.1	61.0	61.1	70.7
2日19时50分	2日20时	2日21时	2日22时	2日23时	3日0时	3日1时	3日2时	3日3时	3日4时	3日5时	3日6时
76.0	77.0	83.2	89.6	98.7	102	113	129	149	185	240	288
3日7时	3日8时	3日9时	3日10时	3日11时	3日12时	3日13时	3日14时	3日15时	3日16时	3日17时	3日18时
321	349	359	368	380	391	395	397	401	410	422	427
3日19时	3日20时	3日21时	3日22时	3日23时	4日0时	4日1时	4日1时4分	4日2时	4日3时	4日4时	4日5时
432	438	442	444	457	479	494	495	493	481	465	450
4日6时	4日7时	4日7时5分	4日8时	4日9时	4日9时9分	4日10时	4日11时	4日12时	4日13时	4日14时	4日15时
421	408	407	395	360	358	349	329	319	310	301	292
4日16时	4日17时	4日18时	4日19时	4日20时	4日21时	4日22时	4日23时	5日0时	5日1时	5日2时	5日3时
284	276	268	260	253	246	239	233	226	220	214	208
5日4时	5日5时	5日6时	5日7时	5日8时	5日9时	5日10时	5日11时	5日12时	5日13时	5日14时	5日15时
202	197	191	186	181	176	171	166	162	157	153	149
5日16时	5日17时	5日18时	5日19时	5日20时	5日21时	5日22时	5日23时	6日0时	6日1时	6日2时	6日3时
145	140	137	133	129	125	122	118	115	111	105	101
6日4时	6日5时	6日6时	6日7时	6日8时	6日9时	6日10时					
97.6	94.6	91.7	88.9	83.3	80.7	78.0					

注　本表为不含河道底水流量的净流量。

表 6.7.27　7月4日0—5时累计降雨量过程表

历时/h	1	2	3	4	5	6	7	8	9	10	11	12	13	14	15	16	17	18	曲线调整参数
累计降雨量/mm	2.7	12.7	23.2	30.9	35.6														涨水参数
历时/h	19	20	21	22	23	24	25	26	27	28	29	30	31	32	33	34	35	36	0.7
累计降雨量/mm																			退水参数
历时/h	37	38	39	40	41	42	43	44	45	46	47	48	49	50	51	52	53	54	0.9
累计降雨量/mm																			径流系数
历时/h	55	56	57	58	59	60	61	62	63	64	65	66	67	68	69	70	71	72	0.95
累计降雨量/mm																			洪峰历时调整系数

注　1. 累计降雨量为河道洪水计算断面以上流域平均降雨量。

　　2. 如果中间某时段无雨，其累计降雨量一般按前时段累计降雨量5%递减计算[连续不小于2h降雨量小于2.5mm视为无雨；如果连续时段累计降雨量不小于2.5mm，应在该时段开始逐时段(包括前时段)累加降雨量，最后结束时按实际累计降雨量计算]。

　　3. 曲线调整系数包括：①涨水参数，主要是解决涨水前半部分偏大的问题，在0.7～1.1之间；②退水参数，主要是解决退水前半部分偏小的问题，在0～1之间；③径流系数，在0.1～0.95之间；④洪峰历时调整系数，主要是解决洪峰出现时间的问题，根据降雨的时空分布和降雨过程的特点来确定，在0.7～1.3之间。

（表右下格：1）

表 6.7.28　7月4日0时至4日5时降雨洪水洪峰成果表

参数	降雨历时/h	降雨量/mm	集水面积/km²	洪水起涨时间			起涨时水位/m	起涨时流量/(m³/s)	径流系数	洪水概化系数	洪水历时调整系数	洪峰历时调整系数
				日	时	分						
	5	35.6	2762	4	0	0	144.94	1478	0.95	1	1.1	1

测算成果	洪水历时系数	洪峰历时系数	洪水历时/h	洪峰出现时间			洪峰水位/m	洪峰流量/(m³/s)	洪水总量/万 m³	备　注		
				日	时	分						
	6.703	0.272	33.52	4	9	7	146.68	3027	9341			

图 6.7.17 7月4日0—5时降雨洪水的水位、流量过程线图

7月1—6日的无水库调节洪水过程由前面测算出的洪水过程叠加而成。本次洪水推算是以（1）中测算的洪水过程流量（表6.7.23）为基础，在相应时间上叠加（2）中的表6.7.26、（3）中的表6.7.29洪水过程净流量而成。具体成果见表6.7.30、图6.7.18、图6.7.19。

4. 洪水过程推算成果与实测洪水过程的对比分析

本次洪水过程推算比较复杂，其工作内容包括：一是3场降雨过程形成3场洪水过程的推算；二是四大水库工程共15次（其中青狮潭水库5次，小溶江水库6次，斧子口水库3次，川江水库1次）变化排洪流量后形成的涨水退水过程推算（其中青狮潭、小溶江、斧子口水库排洪流量多次频繁变化增加了计算难度和计算工作量）；最后将上述7场洪水流量过程叠加后得出7月1—6日的洪水过程。

本次共测算成果119个点，表6.7.20中的水位、流量误差分析结果显示：水位误差在−43～38cm，流量误差在−24.21%～33.69%。流量测算值合格点为107个，合格率为89.9%，根据GB/T 22482—2008《水文情报预报规范》等级评定要求，本次洪水过程流量测算成果等级为甲级（$QR \geqslant 85.0\%$ 为甲级，$85.0\% > QR \geqslant 70.0\%$ 为乙级，$70.0\% > QR \geqslant 60.0\%$ 为丙级）。测算误差较大的点主要分布在退水过程的后期，即5日16时以后，而且实测数据相比测算数据都偏小，其中不合格点9个（不合格点共12个），占不合格数的75%，造成这种结果的原因主要是上游1km的吴家里壅水坝调蓄洪水。

表 6.7.29　7 月 4 日 0—5 时降雨桂林水文站洪水过程净流量表

时间	4 日 0 时	4 日 1 时	4 日 1 时 4 分	4 日 2 时	4 日 3 时	4 日 4 时	4 日 5 时	4 日 6 时	4 日 7 时	4 日 7 时 5 分	4 日 8 时	4 日 9 时
流量/(m³/s)	0	37.3	39.8	102	294	533	858	1107	1291	1307	1424	1537
时间	4 日 9 时 7 分	4 日 10 时	4 日 11 时	4 日 12 时	4 日 13 时	4 日 14 时	4 日 15 时	4 日 16 时	4 日 17 时	4 日 18 时	4 日 19 时	4 日 20 时
流量/(m³/s)	1549	1430	1293	1142	999	886	782	694	616	545	485	427
时间	4 日 21 时	4 日 22 时	4 日 23 时	5 日 0 时	5 日 1 时	5 日 2 时	5 日 3 时	5 日 4 时	5 日 5 时	5 日 6 时	5 日 7 时	5 日 8 时
流量/(m³/s)	364	266	230	198	168	140	115	90.4	68.4	47	27.9	9.2
时间	5 日 9 时	5 日 10 时	5 日 11 时	5 日 12 时	5 日 13 时	5 日 14 时	5 日 15 时	5 日 16 时	5 日 17 时	5 日 18 时	5 日 19 时	5 日 20 时
流量/(m³/s)	0	0	0	0	0	0	0	0	0	0	0	0
时间	5 日 21 时	5 日 22 时	5 日 23 时	6 日 0 时	6 日 1 时	6 日 2 时	6 日 3 时	6 日 4 时	6 日 5 时	6 日 6 时	6 日 7 时	6 日 8 时
流量/(m³/s)	0	0	0	0	0	0	0	0	0	0	0	0

注　本表为不含河道底水流量的净流量。

表 6.7.30　桂林水文站实测、水库调节测算和无水库调节测算洪水过程成果及误差分析表

时间	1日15时	1日16时	1日17时	1日18时	1日19时	1日20时	1日21时	1日22时	1日23时	2日0时	2日1时	2日2时
实测水位/m	143.17	143.18	143.21	143.24	143.3	143.37	143.41	143.46	143.49	143.5	143.52	143.54
实测流量/(m³/s)	439	443	455	467	492	524	542	565	578	583	593	603
水库调节测算水位/m	143.17	143	143	143	143	143	143	143	143	143	143	143
水库调节测算流量/(m³/s)	439	447	463	479	491	498	501	505	507	512	522	535
1日9时至2日8时降雨洪水测算流量/(m³/s)	439	449	507	558	589	610	636	647	662	682	708	764
2日10时至3日16时降雨洪水测算流量/(m³/s)												
4日0—5时降雨洪水测算流量/(m³/s)												
无水库调节测算流量/(m³/s)	439	449	507	558	589	610	636	647	662	682	708	764
无水库调节测算水位/m	143.17	143.20	143.33	143.45	143.51	143.55	143.60	143.63	143.66	143.70	143.75	143.85
与实测水位误差/cm	0	2	12	21	21	18	19	17	17	20	23	31
与实测流量误差/%	0	1	11	19	20	16	17	15	15	17	19	27
与水库调节测算水位误差/cm	0	1	10	18	21	24	28	30	33	36	38	46
与水库调节测算流量误差/%	0	0.45	9.50	16.49	19.96	22.49	26.95	28.12	30.57	33.20	35.63	42.80

续表

时间	2日3时	2日4时	2日5时	2日6时	2日7时	2日8时	2日9时	2日10时	2日11时	2日12时	2日13时	2日14时
实测水位/m	143.57	143.62	143.66	143.70	143.76	143.84	143.91	143.97	144.02	144.06	144.09	144.10
实测流量/(m³/s)	618	644	664	684	716	758	795	828	856	880	898	904
水库调节测算水位/m	143.51	143.60	143.65	143.67	143.69	143.69	143.69	143.70	143.72	143.75	143.78	143.86
水库调节测算流量/(m³/s)	589	631	657	670	678	678	679	683	695	711	727	770
1日9时至2日8时降雨洪水测算流量/(m³/s)	850	941	1148	1231	1305	1387	1466	1537	1627	1711	1830	1908
2日10时至3日16时降雨洪水测算流量/(m³/s)								0	20.2	29.1	33.3	38.3
4日0—5时降雨洪水测算流量/(m³/s)												
无水库调节测算流量/(m³/s)	850	941	1148	1231	1305	1387	1466	1537	1647	1740	1863	1946
无水库调节测算水位/m	144.01	144.16	144.47	144.59	144.70	144.81	144.92	145.02	145.17	145.29	145.45	145.54
与实测水位误差/cm	44	54	81	89	94	97	101	105	115	123	136	144
与实测流量误差/%	37.54	46.12	72.89	79.97	82.26	82.98	84.40	85.63	92.43	97.738636	107.49443	115.29867
与水库调节测算水位误差/cm	50	56	82	92	101	112	123	132	145	154	157	168
与水库调节测算流量误差/%	44.31	49.13	74.73	83.73	92.48	104.57	115.91	125.04	137.01	144.74	156.30	152.80

续表

时　间	2日15时	2日15时24分	2日16时	2日17时	2日17时57分	2日18时	2日19时	2日19时50分	2日20时	2日21时	2日22时	2日23时
实测水位/m	144.11	144.12	144.13	144.26	144.45	144.46	144.65	144.7	144.78	144.90	145.03	145.17
实测流量/(m³/s)	910	916	922	1000	1133	1140	1270	1310	1360	1450	1540	1650
水库调节测算水位/m	143.93	143.96	143.98	144.01	144.03	144.03	144.37	144.62	144.65	144.94	145.14	145.27
水库调节测算流量/(m³/s)	807	820	832	850	864	864	1073	1250	1212	1477	1624	1722
1日9时至2日8时降雨洪水测算流量/(m³/s)	1969	1994	2027	2073	2096	2096	2084	2030	2018	1946	1879	1816
2日10时至3日16时降雨洪水测算流量/(m³/s)	47.6	49.7	50.4	54.1	61.0	61.1	70.7	76.0	77.0	83.2	89.6	98.7
4日0—5时降雨洪水测算流量/(m³/s)												
无水库测算流量/(m³/s)	2017	2044	2077	2127	2157	2157	2155	2106	2095	2029	1969	1915
无水库测算水位/m	145.62	145.66	145.70	145.75	145.79	145.79	145.78	145.73	145.72	145.64	145.57	145.51
与实测水位误差/cm	151	154	157	149	134	133	113	103	94	74	54	34
与实测流量误差/%	121.60	123.11	125.31	112.71	90.38	89.22	69.66	60.76	54.04	39.94	27.83	16.04
与水库调节测算水位误差/cm	169	170	172	174	176	176	141	111	107	70	43	24
与水库调节测算流量误差/%	149.98	149.23	149.84	150.28	149.65	149.66	100.81	68.48	64.70	37.35	21.22	11.20

续表

时　　间	3日0时	3日1时	3日2时	3日3时	3日4时	3日5时	3日6时	3日7时	3日8时	3日9时	3日10时	3日11时
实测水位/m	145.31	145.44	145.55	145.62	145.67	145.70	145.71	145.71	145.69	145.68	145.67	145.64
实测流量/(m³/s)	1750	1860	1960	2020	2060	2080	2090	2090	2070	2060	2060	2030
水库调节测算水位/m	145.27	145.62	145.76	145.83	145.82	145.80	145.78	145.76	145.74	145.74	145.72	145.71
水库调节测算流量/(m³/s)	1880	2016	2135	2193	2191	2171	2152	2137	2123	2112	2099	2089
1日9时至2日8时降雨洪水测算流量/(m³/s)	1758	1702	1650	1601	1554	1510	1468	1428	1390	1354	1319	1287
2日10时至3日16时降雨洪水测算流量/(m³/s)	102	113	129	149	185	240	288	321	349	359	368	380
4日0—5时降雨洪水测算流量/(m³/s)												
无水库测算流量/(m³/s)	1860	1815	1779	1750	1739	1750	1756	1749	1739	1713	1687	1667
无水库测算水位/m	145.44	145.39	145.35	145.31	145.29	145.31	145.31	145.31	145.29	145.26	145.22	145.20
与实测水位误差/cm	13	−5	−20	−31	−38	−39	−40	−40	−40	−42	−45	−44
与实测流量误差/%	6.29	−2.42	−9.23	−13.37	−15.58	−15.87	−15.87	−16.32	−15.99	−16.84	−18.11	−17.88
与水库调节测算水位误差/cm	17	−23	−41	−52	−53	−49	−47	−45	−46	−48	−50	−51
与水库调节测算流量误差/%	−1.08	−9.95	−16.69	−20.20	−20.64	−19.38	−18.41	−18.16	−18.10	−18.88	−19.64	−20.18

续表

时　　间	3日12时	3日13时	3日14时	3日15时	3日16时	3日17时	3日18时	3日19时	3日20时	3日21时	3日22时	3日23时
实测水位/m	145.65	145.60	145.60	145.61	145.62	145.62	145.64	145.64	145.62	145.59	145.55	145.54
实测流量/(m³/s)	2040	2000	2000	2010	2010	2010	2030	2030	2020	1990	1960	1950
水库调节测算水位/m	145.70	145.69	145.68	145.71	145.73	145.74	145.74	145.74	145.76	145.77	145.79	145.81
水库调节测算流量/(m³/s)	2079	2069	2061	2086	2106	2115	2115	2115	2130	2143	2164	2176
1日8时至2日8时降雨洪水测算流量/(m³/s)	1256	1226	1197	1169	1143	1117	1093	1070	1047	1025	1004	984
2日10时至3日16时降雨洪水测算流量/(m³/s)	391	395	397	401	410	422	427	432	438	442	444	457
4日0~5时降雨洪水测算流量/(m³/s)												
无水库调节测算流量/(m³/s)	1647	1621	1594	1570	1553	1539	1520	1502	1485	1467	1448	1441
无水库调节测算水位/m	145.17	145.14	145.10	145.07	145.05	145.03	145.00	144.98	144.95	144.92	144.90	144.89
与实测水位误差/cm	-48	-46	-50	-54	-57	-59	-64	-66	-67	-67	-65	-65
与实测流量误差/%	-19.26	-18.95	-20.30	-21.89	-22.74	-23.43	-25.12	-26.01	-26.49	-26.28	-26.12	-26.10
与水库调节测算水位误差/cm	-53	-55	-58	-64	-68	-71	-74	-76	-81	-85	-89	-92
与水库调节测算流量误差/%	-20.79	-21.66	-22.64	-24.72	-26.27	-27.22	-28.13	-28.97	-30.27	-31.54	-33.09	-33.76

续表

时间	4日0时	4日1时	4日1时4分	4日2时	4日3时	4日4时	4日5时	4日6时	4日7时	4日7时5分	4日8时	4日9时
实测水位/m	145.50	145.47	145.47	145.49	145.51	145.54	145.58	145.64	145.70	145.70	145.75	145.80
实测流量/(m³/s)	1910	1880	1880	1900	1920	1950	1980	2030	2080	2080	2130	2170
水库调节测算水位/m	145.80	145.76	145.76	145.75	145.77	145.88	145.96	146.00	146.03	146.05	146.02	145.99
水库调节测算流量/(m³/s)	2172	2138	2138	2123	2147	2241	2316	2346	2379	2397	2369	2342
1日9时至2日8时降雨洪水测算流量/(m³/s)	965	946	945	928	910	893	877	861	846	844	831	816
2日10时至3日16时降雨洪水测算流量/(m³/s)	479	494	495	493	481	465	450	421	408	407	395	360
4日0—5时降雨洪水测算流量/(m³/s)	0	37.3	39.8	102	294	533	858	1107	1291	1307	1424	1537
无水库调节测算流量/(m³/s)	1444	1477	1480	1523	1685	1891	2185	2389	2545	2558	2650	2713
无水库调节测算水位/m	144.39	144.94	144.94	145.01	145.22	145.48	145.82	146.04	146.20	146.21	146.30	146.36
与实测水位误差/cm	-61	-53	-53	-48	-29	-6	24	40	50	51	55	56
与实测流量误差/%	-24.40	-21.42	-21.29	-19.84	-12.24	-3.03	10.35	17.68	22.36	22.98	24.41	25.02
与水库调节测算水位误差/cm	-91	-82	-82	-74	-55	-40	-14	4	17	16	28	37
与水库调节测算流量误差/%	-33.51	-30.89	-30.78	-28.26	-21.51	-15.63	-5.65	1.83	6.98	6.72	11.86	15.84

续表

时间	4日9时7分	4日10时	4日11时	4日12时	4日13时	4日14时	4日15时	4日16时	4日17时	4日18时	4日19时	4日20时
实测水位/m	145.80	145.82	145.84	145.84	145.83	145.80	145.75	145.65	145.59	145.54	145.49	145.45
实测流量/(m³/s)	2170	2190	2210	2210	2200	2170	2130	2040	1990	1950	1900	1860
水库调节测算水位/m	145.99	145.97	145.92	145.88	145.86	145.83	145.80	145.76	145.71	145.64	145.57	145.51
水库调节测算流量/(m³/s)	2342	2327	2275	2246	2220	2195	2172	2131	2089	2028	1970	1915
1日9时至2日8时降雨洪水测算流量/(m³/s)	814	802	788	761	747	735	724	712	701	691	680	670
2日10时至3日16时降雨洪水测算流量/(m³/s)	358	349	329	319	310	301	292	284	276	268	260	253
4日0~5时降雨洪水测算流量/(m³/s)	1549	1430	1293	1142	999	886	782	694	616	545	485	427
无水库测算流量/(m³/s)	2721	2581	2410	2222	2056	1922	1798	1690	1593	1504	1425	1350
无水库测算水位/m	146.37	146.23	146.06	145.86	145.67	145.51	145.37	145.23	145.10	144.98	144.87	144.76
与实测水位误差/cm	57	41	22	2	−16	−29	−38	−42	−49	−56	−62	−69
与实测流量误差/%	25.21	17.85	9.05	0.54	−6.55	−11.43	−15.59	−17.16	−19.95	−22.87	−25.00	−27.42
与水库调节测算水位误差/cm	38	26	14	−2	−19	−32	−43	−53	−61	−66	−70	−75
与水库调节测算流量误差/%	16.01	10.92	5.93	−1.07	−7.39	−12.44	−17.22	−20.69	−23.73	−25.85	−27.66	−29.50

续表

时间	4日21时	4日22时	4日23时	5日0时	5日1时	5日2时	5日3时	5日4时	5日5时	5日6时	5日7时	5日8时
实测水位/m	145.43	145.38	145.32	145.20	145.05	144.87	144.68	144.53	144.41	144.31	144.24	144.15
实测流量/(m³/s)	1850	1800	1760	1670	1560	1430	1290	1190	1100	1030	988	934
水库调节测算水位/m	145.44	145.38	145.30	145.24	145.12	145.02	144.93	144.83	144.73	144.61	144.49	144.37
水库调节测算流量/(m³/s)	1859	1802	1748	1696	1613	1542	1469	1396	1325	1245	1158	1076
1日9时至2日8时降雨洪水测算流量/(m³/s)	660	651	641	632	623	615	606	598	590	582	574	567
2日10时至3日16时降雨洪水测算流量/(m³/s)	246	239	233	226	220	214	208	202	197	191	186	181
4日0—5时降雨洪水测算流量/(m³/s)	364	266	230	198	168	140	115	90.4	68.4	47.0	27.9	9.2
无水库调节测算流量/(m³/s)	1270	1156	1104	1056	1011	969	929	890	855	820	788	757
无水库调节测算水位/m	144.65	144.48	144.41	144.35	144.28	144.21	144.14	144.08	144.02	143.96	143.90	143.84
与实测水位差/cm	-78	-90	-91	-85	-77	-66	-54	-45	-39	-35	-34	-31
与实测流量误差/%	-31.35	-35.78	-37.27	-36.77	-35.19	-32.24	-27.98	-25.18	-22.24	-20.39	-20.25	-18.93
与水车调节测算水位差/cm	-79	-90	-89	-89	-84	-81	-79	-75	-71	-65	-59	-53
与水车调节测算流量误差/%	-31.67	-35.86	-36.84	-37.73	-37.32	-37.15	-36.74	-36.23	-35.44	-34.12	-31.96	-29.62

续表

时间	5日9时	5日10时	5日11时	5日12时	5日13时	5日14时	5日15时	5日16时	5日17时	5日18时	5日19时	5日20时
实测水位/m	144.10	144.06	144.04	144.00	143.95	143.85	143.73	143.61	143.48	143.37	143.25	143.17
实测流量/(m³/s)	904	880	868	844	817	763	700	639	574	524	471	439
水库调节测算水位/m	144.25	144.11	144.02	143.98	143.95	143.91	143.84	143.77	143.70	143.63	143.56	143.49
水库调节测算流量/(m³/s)	995	917	853	835	819	797	759	722	686	650	614	578
1日9时至2日8时降雨雨洪水测算流量/(m³/s)	559	552	545	538	531	525	518	512	506	499	493	488
2日10时至3日16时降雨雨洪水测算流量/(m³/s)	176	171	166	162	157	153	149	145	140	137	133	129
4日0—5时降雨雨洪水测算流量/(m³/s)	0	0	0	0	0	0	0	0	0	0	0	0
无水库调节测算流量/(m³/s)	735	723	711	700	688	678	667	657	646	636	626	617
无水库调节测算水位/m	143.80	143.77	143.75	143.73	143.71	143.69	143.67	143.65	143.62	143.60	143.59	143.57
与实测水位误差/cm	-30	-29	-29	-27	-24	-16	-6	4	14	23	34	40
与实测流量误差/%	-18.69	-17.84	-18.09	-17.06	-15.79	-11.14	-4.71	2.82	12.54	21.37	32.91	40.55
与水库调节测算水位误差/cm	-45	-34	-27	-25	-24	-22	-17	-12	-8	-3	3	8
与水库调节测算流量误差/%	-26.12	-21.19	-16.62	-16.17	-15.94	-14.95	-12.06	-9.05	-5.89	-2.09	1.99	6.69

续表

时间	5日21时	5日22时	5日23时	6日0时	6日1时	6日2时	6日3时	6日4时	6日5时	6日6时	6日7时	6日8时
实测水位/m	143.09	143.05	143.02	143.01	143.01	143.01	143.00	142.98	142.98	142.96	142.95	142.93
实测流量/(m³/s)	406	390	377	373	373	373	369	362	362	355	351	345
水库调节测算水位/m	143.41	143.34	143.25	143.19	143.16	143.15	143.14	143.13	143.12	143.12	143.12	143.11
水库调节测算流量/(m³/s)	543	508	472	445	435	431	427	423	420	418	417	416
1日9时至2日8时降雨洪水测算流量/(m³/s)	482	476	471	465	460	455	450	445	440	435	430	425
2日10时至3日16时降雨洪水测算流量/(m³/s)	125	122	118	115	111	105	101	98	95	92	89	83
4日0~5时降雨洪水测算流量/(m³/s)	0	0	0	0	0	0	0	0	0	0	0	0
无水库调节测算流量/(m³/s)	607	598	589	580	571	560	551	543	535	527	519	508
无水库调节测算水位/m	143.55	143.53	143.51	143.49	143.47	143.45	143.43	143.41	143.39	143.38	143.36	143.34
与实测水位误差/cm	46	48	49	48	46	44	43	43	41	42	41	41
与实测流量误差/%	49.51	53.33	56.23	55.50	53.08	50.13	49.32	49.89	47.68	48.37	47.83	47.33
与水库调节测算水位误差/cm	14	19	26	30	31	30	29	28	27	26	24	23
与水库调节测算流量误差/%	11.83	17.81	24.70	30.37	31.14	29.84	28.95	28.15	27.41	26.00	24.44	22.19

续表

时　间	6 日 9 时	6 日 10 时
实测水位 /m	142.91	142.88
实测流量 /(m³/s)	339	327
水库调节测算水位 /m	143.11	143.11
水库调节测算流量 /(m³/s)	415	414
1 日 9 时至 2 日 8 时降雨洪水测算流量 /(m³/s)	421	416
2 日 10 时至 3 日 16 时降雨洪水训算流量 /(m³/s)	80.7	78.0
4 日 0—5 时降雨洪水测算流量 /(m³/s)	0	0
无水库测算流量 /(m³/s)	502	494
无水库调节测算水位 /m	143.32	143.30
与实测水位误差 /cm	41	42
与实测流量误差 /%	47.99	51.07
与水库调节测算水位误差 /cm	21	19
与水库调节测算流量误差 /%	20.89	19.32

注　1. 水位误差＝无水库调节测算水位－实测水位（水库调节测算水位）。
　　2. 流量误差＝（无水库调节测算流量－实测流量（水库调节测算流量））/实测流量（水库调节测算流量）。

图 6.7.18　2021 年 7 月 1—6 日实测、水库调节测算、无水库调节
测算洪水水位过程线图

图 6.7.19　实测、水库调节测算、无水库调节测算洪水流量过程线图

在整个洪水过程中出现过两次洪峰：3 日 6—7 时实测洪峰 1，水位 145.71m，流量 2090m³/s；4 日 11—12 时实测洪峰 2，水位 145.84m，流量 2210m³/s。

测算洪峰成果分别是：3 日 3 时测算洪峰 1，水位 145.83m，流量 2193m³/s；4 日 7 时 5 分测算洪峰 2，水位 146.05m，流量 2397m³/s。

测算流量和实测流量的误差率分别是：洪峰 1 为 4.92%，洪峰 2 为 8.46%，都在规范误差容许的范围内。

从图 6.7.13、图 6.7.14 的水位、流量过程线对比可以看出，实测和测算的洪水过程的趋势基本一致，各转折点都比较平滑，特别是洪峰部分吻合度相当好，说明气象水文耦合洪水测报法在降雨洪水过程推算的稳定性和可靠性。

5. 无水库调节洪水过程推算成果与水库调节测算、实测洪水过程的对比分析

推算天然河道状况下的洪水过程的意义在于还原全流域降雨形成的天然洪水过程，分析水库工程调蓄洪水在洪水调度中的作用。

7 月 1—6 日的天然洪水过程由 3 场相对集中降雨过程形成的 3 场洪水过程叠加而成，其成果见表 6.7.30、图 6.7.18、图 6.7.19。

从图 6.7.18 的洪水水位过程线可以清楚地看出，无水库调节下的全流域降雨形成的洪水具有 2 个明显的洪峰：2 日 17 时 57 分至 18 时洪峰 1，水位 145.79m，流量 2157m³/s；4 日 9 时 7 分洪峰 2，水位 146.37m，流量 2721m³/s。

为避免计算中和实测数据的误差，现将无水库调节测算洪水成果和水库调节测算洪水过程作对比分析，具体成果见表 6.7.31。

表 6.7.31　　　　　　　　水库调蓄洪水成果及误差分析表

工程运行状况	洪峰 1		洪峰 2		洪峰 1 误差		洪峰 2 误差		备　注
	水位/m	流量/(m³/s)	水位/m	流量/(m³/s)	水位/m	流量/(m³/s)	水位/m	流量/(m³/s)	
无水库调节测算洪水	145.79	2157	146.37	2721	−0.04	−36	0.32	324	
水库调节测算洪水	145.83	2193	146.05	2397					本次洪水测算成果
实测洪水	145.71	2090	145.84	2210	−0.12	−103	−0.21	−187	

注　误差＝无水库调节测算洪水（实测洪水）−水库调节测算洪水。

从表 6.7.30 和图 6.7.18 中可以看出，本次水库调蓄洪水效果明显，使得洪峰 1 延迟了 9h 出现，但洪峰水位没有降下来，相反却抬高了 0.04m，流量增加了 36.0m³/s；洪峰 2 几乎在同一时间出现，同时降低洪峰水位 0.32m，削减洪峰流量 324m³/s，削减率 11.9%。

6. 青狮潭水库洪水调度和灵川洪水的对比分析

青狮潭水库的洪水调度直接影响的是下游潭下镇、灵川县城的安危,从灵川水文站的实测洪水看,由于青狮潭水库的排洪导致灵川水文站在 7 月 2 日 16 时至 3 日 18 时共 26h 处于超警戒水位(161.50m),最高水位为 7 月 2 日 20 至 21 时的 162.02m,有必要作技术分析,看是否可以规避这一长时间超警戒水位洪水的发生。

要搞清楚这个问题,必须考虑青狮潭水库工程安全运行和下游河道安全行洪的纳洪能力(≤警戒水位),并从这两个方面着手分析。

(1)青狮潭水库工程安全运行分析。青狮潭水库流域集水面积474km³,校核洪水位 230.85m(相应库容 60000 万 m³),设计洪水位 227.70m(相应库容 49730 万 m³),防洪高水位 226.00m(相应库容 44800 万 m³)。水位、库容、泄洪流量关系见表 6.7.32。

表 6.7.32　　　　青狮潭水库水位、库容、泄洪流量关系表

水位 /m	库容 /万 m³	泄洪流量/(m³/s)		水位 /m	库容 /万 m³	泄洪流量/(m³/s)	
		溢洪道	输水管			溢洪道	输水管
197.15	1500		0	220.00	28700	60	162
200.00	2400		26	221.00	31000	170	166
205.00	5600		79	222.00	33500	312	170
210.00	11000		113	223.00	36200	480	175
211.00	12200		119	224.00	39100	785	179
212.00	13600		124	225.00	42000	1030	183
213.00	15100		129	226.00	44800	1325	187
214.00	16700		134	227.00	47700	1650	191
215.00	18500		139	228.00	50600	2000	195
216.00	20300		144	228.40	52000	2110	197
217.00	22300		148	229.65	56000	2606	201
218.00	24300		153	230.85	60000	3050	205
219.00	26400	0	157				

从表 6.7.2 的降雨统计资料可知,7 月 1 日 9 时至 4 日 6 时降雨过程中,青狮潭水库流域累计降雨量为 279.1mm,折合成水量为 279.1×474×0.95÷10=12568(万 m³)。

从表 6.7.18 的水库排洪资料可知，7 月 2 日 11 时至 5 日 7 时 30 分青狮潭水库共排洪时间 68.5h，排洪水量 12533 万 m^3，平均排洪流量 508m^3/s，具体计算见表 6.7.33。

表 6.7.33　　　　　　　青狮潭水库排洪水量计算表

序号	排　洪　时　段	排洪历时 /h	排洪流量 /(m³/s)	排洪水量 /万 m³	备　　注
1	2 日 11 时至 15 时	4	600	864	平均排洪流量： 12533÷68.5÷ 0.36＝508(m³/s)
2	2 日 15 时至 3 日 15 时	24	800	6912	
3	3 日 15 时至 4 日 9 时 50 分	18.83	500	3389	
4	4 日 9 时 50 分至 18 时	8.17	300	882	
5	4 日 18 时至 5 日 7 时 30 分	13.5	100	486	
合　计		68.5		12533	

通过上述降雨产流量（12568 万 m^3）和排洪水量（12533 万 m^3）的比较，可以发现，从总体上看，在这次降雨过程中，水库基本没有拦蓄洪水。

下面假设水库不排洪和 2 日 15 时至 3 日 15 时按 600m^3/s 排洪两种情况进行推算，看水库的最高蓄水位是否安全。

1) 假设水库不排洪。7 月 2 日 11 时水库启动排洪时的库水位 225.75m（相应库容 44100 万 m^3），假如这次水库不排洪，其水库库容最大为 44100＋12533＝56633（m^3），相应最高库水位高达 229.84m，距离校核洪水位（230.85m）只有 1.01m，超过设计洪水位（227.70m）2.14m，这显然是极不安全的操作方法。

2) 2 日 15 时至 3 日 15 时水库按 600m^3/s 排洪。选择此水库排洪量级时考虑了两个方面，一是前期是按 600m^3/s 排洪，而在 2 日 14 时的库水位已达到最高（225.84m），2 日 15 时库水位 225.83m；二是考虑下游灵川县城河道的纳洪能力，确保其不超过警戒水位。下面对 2 日 14 时至 3 日 15 时库水位进行推算，其结果见表 6.7.34、图 6.7.20。

从表 6.7.34、图 6.7.20 的库水位数据可以看出，库水位均未超过 226.00m 的防洪高水位，说明按流量 600m^3/s 排洪水库工程运行是安全的。

表 6.7.34　7 月 2 日 14 时至 3 日 15 时青狮潭水库水位推算表

时间		800m³/s 排洪 库水位/m	600m³/s 排洪 库水位/m	时间		800m³/s 排洪 库水位/m	600m³/s 排洪 库水位/m
日	时			日	时		
2	14	225.84	225.84	3	3	225.30	225.61
	15	225.83	225.83		4	225.25	225.58
	16	225.81	225.84		5	225.19	225.55
	17	225.78	225.83		6	225.13	225.52
	18	225.75	225.83		7	225.07	225.48
	19	225.71	225.81		8	225.01	225.45
	20	225.67	225.80		9	224.93	225.39
	21	225.63	225.78		10	224.89	225.37
	22	225.58	225.76		11	224.82	225.33
3	23	225.53	225.74		12	224.76	225.29
	0	225.47	225.70		13	224.70	225.26
	1	225.42	225.68		14	224.64	225.22
	2	225.37	225.65		15	224.57	225.17

注　800m³/s 排洪的库水位为实测数据;600 m³/s 排洪的库水位数值是在实测数据的基础上计算出来的,减少 200m³/s 排洪,也就是每小时减少 $200 \times 0.36 = 72$(万 m³),相反水库蓄水却每小时增加 72 万 m³,从 2 日 16 时开始按库容增量计算库水位,如 2 日 17 时的库水位计算:首先通过表 6.7.31 查算相应水位的库容,225.78m 的库容为 44184 万 m³,减少 2h 排洪流量后的库容为 $44184 + 2 \times 72 = 44328$(万 m³),通过表 6.7.32 查算相应库容的水位为 225.83m。

图 6.7.20　7 月 2 日 14 时至 3 日 15 时青狮潭水库蓄水过程线图

（2）灵川水文站洪水位推算。灵川县城的洪水水位观测断面在灵川水文站，其流域面积为 $688km^2$（含青狮潭水库 $474km^2$），警戒水位是 $161.50m$，相应流量 $845m^3/s$，也就是说灵川县城河道的安全纳洪流量的上限为 $845m^3/s$。

表 6.7.35　　2021 年 7 月 1—6 日灵川水文站洪水过程线

时 间			水位 /m	流量 /(m³/s)	警戒水位 /m	时 间			水位 /m	流量 /(m³/s)	警戒水位 /m
月	日	时				月	日	时			
7	1	6	159.38	165	161.50	7	2	14	160.76	577	161.50
7	1	7	159.36	160	161.50	7	2	15	161.35	788	161.50
7	1	8	159.35	158	161.50	7	2	16	161.62	890	161.50
7	1	9	159.34	155	161.50	7	2	17	161.79	955	161.50
7	1	10	159.32	150	161.50	7	2	18	161.90	997	161.50
7	1	11	159.32	150	161.50	7	2	19	161.98	1020	161.50
7	1	12	159.34	155	161.50	7	2	20	162.02	1040	161.50
7	1	13	159.42	175	161.50	7	2	21	162.02	1040	161.50
7	1	14	159.52	202	161.50	7	2	22	162.01	1030	161.50
7	1	15	159.64	231	161.50	7	2	23	161.99	1030	161.50
7	1	16	159.71	250	161.50	7	3	0	161.98	1020	161.50
7	1	17	159.74	258	161.50	7	3	1	161.95	1010	161.50
7	1	18	159.72	253	161.50	7	3	2	161.94	1010	161.50
7	1	19	159.69	245	161.50	7	3	3	161.94	1010	161.50
7	1	20	159.66	237	161.50	7	3	4	161.94	1010	161.50
7	1	21	159.68	242	161.50	7	3	5	161.93	1000	161.50
7	1	22	159.73	256	161.50	7	3	6	161.93	1000	161.50
7	1	23	159.82	280	161.50	7	3	7	161.91	1000	161.50
7	2	0	159.88	297	161.50	7	3	8	161.89	993	161.50
7	2	1	159.91	305	161.50	7	3	9	161.85	978	161.50
7	2	2	159.94	314	161.50	7	3	10	161.83	970	161.50
7	2	3	159.96	320	161.50	7	3	11	161.82	966	161.50
7	2	4	159.96	320	161.50	7	3	12	161.81	962	161.50
7	2	5	159.97	323	161.50	7	3	13	161.81	962	161.50
7	2	6	159.98	326	161.50	7	3	14	161.80	959	161.50
7	2	7	160.01	335	161.50	7	3	15	161.82	966	161.50
7	2	8	160.05	347	161.50	7	3	16	161.80	959	161.50
7	2	9	160.07	353	161.50	7	3	17	161.72	928	161.50
7	2	10	160.09	359	161.50	7	3	18	161.53	856	161.50
7	2	11	160.09	359	161.50	7	3	19	161.35	788	161.50
7	2	12	160.05	347	161.50	7	3	20	161.23	744	161.50
7	2	13	160.05	347	161.50	7	3	21	161.16	718	161.50

续表

时间			水位	流量	警戒水位	时间			水位	流量	警戒水位
月	日	时	/m	/(m³/s)	/m	月	日	时	/m	/(m³/s)	/m
7	3	22	161.11	700	161.50	7	5	5	160.03	341	161.50
7	3	23	161.08	689	161.50	7	5	6	160.02	338	161.50
7	4	0	161.06	682	161.50	7	5	7	160.01	335	161.50
7	4	1	161.05	679	161.50	7	5	8	160.00	332	161.50
7	4	2	161.10	697	161.50	7	5	9	159.98	326	161.50
7	4	3	161.13	707	161.50	7	5	10	159.74	258	161.50
7	4	4	161.21	736	161.50	7	5	11	159.43	178	161.50
7	4	5	161.27	758	161.50	7	5	12	159.27	139	161.50
7	4	6	161.31	773	161.50	7	5	13	159.22	127	161.50
7	4	7	161.35	788	161.50	7	5	14	159.21	125	161.50
7	4	8	161.35	788	161.50	7	5	15	159.21	125	161.50
7	4	9	161.35	788	161.50	7	5	16	159.20	123	161.50
7	4	10	161.33	781	161.50	7	5	17	159.20	123	161.50
7	4	11	161.29	766	161.50	7	5	18	159.20	123	161.50
7	4	12	161.21	736	161.50	7	5	19	159.19	120	161.50
7	4	13	161.09	693	161.50	7	5	20	159.19	120	161.50
7	4	14	160.99	657	161.50	7	5	21	159.19	120	161.50
7	4	15	160.94	640	161.50	7	5	22	159.18	118	161.50
7	4	16	160.90	626	161.50	7	5	23	159.18	118	161.50
7	4	17	160.87	615	161.50	7	6	0	159.18	118	161.50
7	4	18	160.84	605	161.50	7	6	1	159.18	118	161.50
7	4	19	160.83	601	161.50	7	6	2	159.18	118	161.50
7	4	20	160.71	559	161.50	7	6	3	159.18	118	161.50
7	4	21	160.41	459	161.50	7	6	4	159.18	118	161.50
7	4	22	160.19	383	161.50	7	6	5	159.18	118	161.50
7	4	23	160.09	359	161.50	7	6	6	159.18	118	161.50
7	5	0	160.06	350	161.50	7	6	7	159.17	116	161.50
7	5	1	160.06	350	161.50	7	6	8	159.17	116	161.50
7	5	2	160.05	347	161.50	7	6	9	159.17	116	161.50
7	5	3	160.04	344	161.50	7	6	10	159.16	114	161.50
7	5	4	160.03	341	161.50						

图 6.7.21　2021 年 7 月 1—6 日灵川水文站洪水过程线

上游青狮潭水库排洪洪水到达灵川水文站约 1h，从表 6.7.35 灵川水文站实测洪水过程数据可以看出，在水库排洪之前的 2 日 10 时至 11 时已达到峰值 160.09m，相应流量 359 m³/s，水库选择在 2 日 11 时启动 600m³/s 流量排洪是合理的。下面就水库 2 日 15 时至 3 日 15 时按流量 600 m³/s 排洪对灵川县城河道行洪是否安全作分析推算。

青狮潭排洪到达灵川水文站的洪水过程的涨水历时为 3.13h，退水历时为 8.86h，据此可以推算出上游水库排洪到达灵川水文站的排洪洪水过程，将其与降雨形成的洪水叠加，形成灵川水文站的实际洪水过程，推算成果见表 6.7.36、图 6.7.22。

表 6.7.36　　7 月 2 日 14 时至 4 日 1 时灵川水文站水位流量推算成果表

时间		800m³/s 排洪		600m³/s 排洪		时间		800m³/s 排洪		600m³/s 排洪	
日	时	水位 /m	流量 /(m³/s)	水位 /m	流量 /(m³/s)	日	时	水位 /m	流量 /(m³/s)	水位 /m	流量 /(m³/s)
2	14	160.76	577	160.76	577	2	17	161.79	955	161.62	891
	15	161.35	788	161.35	788		18	161.90	997	161.56	869
	16	161.62	890	161.62	890		19	161.98	1020	161.46	828

续表

时间		800m³/s 排洪		600m³/s 排洪		时间		800m³/s 排洪		600m³/s 排洪	
日	时	水位/m	流量/(m³/s)	水位/m	流量/(m³/s)	日	时	水位/m	流量/(m³/s)	水位/m	流量/(m³/s)
2	20	162.02	1040	161.49	840		11	161.82	966	161.28	766
	21	162.02	1040	161.49	840		12	161.81	962	161.27	762
	22	162.01	1030	161.46	830		13	161.81	962	161.27	762
3	23	161.99	1030	161.46	830		14	161.80	959	161.26	759
	0	161.98	1020	161.43	820		15	161.82	966	161.28	766
	1	161.95	1010	161.41	810		16	161.80	959	161.26	759
	2	161.95	1010	161.41	810	3	17	161.72	928	160.96	662
	3	161.94	1010	161.41	810		18	161.53	856	160.84	624
	4	161.94	1010	161.41	810		19	161.35	788	160.73	589
	5	161.93	1000	161.38	800		20	161.23	744	160.70	579
	6	161.93	1000	161.38	800		21	161.16	718	160.73	587
	7	161.91	1000	161.38	800		22	161.11	700	160.78	603
	8	161.89	993	161.36	793		23	161.08	689	160.85	626
	9	161.85	978	161.32	778	4	0	161.06	682	160.93	652
	10	161.83	970	161.29	770		1	161.05	679	161.05	679

注 800m³/s 排洪的水位、流量过程为实测数据;600m³/s 排洪的水位、流量过程数值是在实测数据的基础上计算出来的,2 日 16 时至 18 时为水库排洪涨水过程(从 600m³/s 到 800m³/s),涨水率为 $200 \div 3.13 = 63.9[(m³/s)/h]$,如 17 时的流量计算 955 － $(1 \times 63.9) = 891(m³/s)$;3 日 17 时至 4 日 0 时为水库排洪退水过程(从 800m³/s 到 500m³/s),退水率为 $300 \div 8.86 = 33.8[(m³/s)/h]$,如 3 日 18 时的流量计算 856 － $(300 － 2 \times 33.8) = 624(m³/s)$。

从表 6.7.36、图 6.7.22 数据和过程线可以清楚地看出,水库以 600m³/s 流量排洪时,灵川水文站的洪水位只有 2 日 16—18 时三个小时超过警戒水位,其最高洪水位超警戒水位 0.12m;而水库以 800m³/s 流量排洪时,灵川水文站的洪水位在 2 日 16 时至 3 日 18 时超过警戒水位达 27h,其最高洪水位超警戒水位 0.52m。

图6.7.22 7月2日14时至4日1时灵川水文站水位过程线图

同样，可以分析青狮潭水库以600m³/s流量排洪对桂林水文站洪水的影响，从表6.7.20中2日23时至4日7时的测算数据回归计算得知，洪峰流量可以减少200m³/s，使洪峰水位降低0.24m左右 [测算3日3时洪峰流量2193−200＝1993（m³/s），相应水位145.59m；实测3日6—7时洪峰流量2090−200＝1890（m³/s），相应水位145.48m]。

参 考 文 献

［1］ 蔡文祥，许大明 . 水文计算 ［M］. 南京：河海大学出版社，1986.

［2］ 庄一鸽，林三益 . 水文预报 ［M］. 南京：河海大学出版社，1989.